사소해서
물어보지 못했지만
궁금했던
이야기 3

사소해서
물어보지 못했지만
궁금했던
이야기 3

사물궁이 잡학지식 기획

김경민, 권은경, 김희경, 윤미숙 지음

arte

역사를 바꾸는 사소한 질문의 힘

우리는 길을 걷다가 문득 드는 궁금증을 보통 대수롭지 않게 넘기곤 합니다. 궁금증이 너무 사소하거나 귀찮아서, 혹은 답이 없을 것 같아서 고민하기보다는 그냥 넘기는 것입니다. 그러나 과학은 이런 사소한 궁금증, 막연한 호기심에서 시작되었다고 해도 과언이 아닙니다. 가령 고대 그리스의 알렉산드리아 도서관에서 근무하던 에라토스테네스는 하짓날 오후 키레네에는 태양 빛이 우물의 바닥까지 닿아 그림자가 생기지 않는다는 사실을 알고 의문을 가졌습니다. 지구가 평평하다면 키레네뿐 아니라 모든 지역에 그림자가 생기지 않아야 할 텐데, 키레네에서 약 900km 떨어진 알렉산드리아에서는 그림자가 생겼던 것입니다. 사소해서 지나칠 수도 있을 이 궁금증이 에라토스테네스를 생각하게 했고, 결국 에라토스테네스는 지구가 둥글다는 것, 그리고 태양에서 오는 빛은 나란하다는 것을 이용하여 인류 최초로 지구의 둘레를 계산해 냈습니다. 이는 교과서에서 다룰 정도로 중요한 과학사적 순간입니다.

이처럼 "왜 그럴까?" 하는 궁금증을 해결하기 위해 현상을 탐구하고 증거를 수집하여 결론에 도달하는 과정을 통해 인류는 자연을 이해해 왔습니다. 즉 사물을 바라보고 호기심을 갖는 것이 모든 과학의 시작입니다. 어린아이가 세상을 처음 경험하며 알아 가는 과정과 위대한 과학자가 연구를 통해 진리를 찾아가는 과정의 시작점은 결국 같은 것입니다.

이 책은 일상에서 마주하는 사소한 궁금증들을 해결하는 데에 도움이 되면 좋겠다는 바람으로 준비했습니다. 생물, 물리, 화학, 지구과학을 주제로 32개 질문을 분류하여 엮은 이 책을 통해, 대수롭지 않게 넘겼던 작은 궁금증에 답을 찾으시길 바랍니다. 사소한 데에서 시작된 궁금증을 지나치지 않고 의문을 갖고 탐구한다면 우리는 우리가 살고 있는 이 세상을 좀 더 잘 이해할 수 있게 될 것입니다.

차례

1부

자다가도 생각나는
생물 호기심

01

나이가 들면
왜 죽을까?

　인간을 비롯한 생명체 대부분은 일정 시간이 지나면 죽음을 맞이합니다. 자신의 정확한 수명을 알 수 없지만 인간은 기대수명이나 건강 상태 등을 고려해 마지막 날을 예측하며 살아갑니다. 죽음에 관한 생각은 인류 문명에 많은 영향을 미쳤습니다. 고대 이집트인들은 삶, 죽음, 부활을 연결하여 생각했고, 죽음을 끝이 아닌 영원한 삶으로 나아가는 과정으로 이해했습니다. 중국의 진시황은 불로장생을 위해 막대한 국고를 낭비했습니다. 불로장생의 비약이라 믿으며 수은을 먹기도 하였으나 결국 49세 나이로 생을 마감했습니다. 이외에도 영화 〈프로메테우스〉와 〈서복〉 등 현대에도 많은 작품이 늙지 않고 영원히 살고자 하는 인간의 욕망을 다루고 있습니다.

　인류는 죽음을 피해 영생을 꿈꾸며 종교를 믿기도 하고 과학을 발전시키기도 하며 문명을 이어 왔습니다. 실제로 위생 환경의 개선과 의학의 발전은 인간의 기대수명을 계속 늘려 왔습니다. 서울대학교 의과대학 황상익 교수의 추측에 따르면 조선시대 서민들의 기대수명은 35세 내외였으며, 조선 왕의 기대수명은 46.1세였다고 합니다. 이에 비해 현대 한국인의 기대수명이 2022년 기준 84.1세인 점은 놀랍습니다.

여기서 주제의 의문이 생깁니다. 이렇게 기대수명이 늘어나다 보면 언젠가는 영원히 살 수 있지 않을까요? 이에 대한 답은 미국의 엘리자베스 블랙번Elizabeth Blackburn 교수와 캐럴 그라이더Carol Greider 박사, 잭 쇼스택Jack Szostak 박사에 의해 밝혀졌습니다. 이들은 영생하는 단세포생물인 **테트라히메나**Tetrahymena 를 연구함으로써 죽음의 비밀을 알아냈습니다.

생물의 염색체 끝부분에는 염색체를 보호하는 **텔로미어**telomere 라는 DNA 조각이 있습니다. 세포가 분열할 때마다 텔로미어는 조금

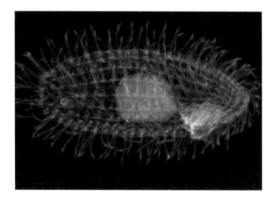

영생하는 단세포생물,
테트라히메나
©Richard Robinson

씩 짧아지는데, 일정 수준 이하로 짧아지면 세포는 분열을 멈추게 됩니다. 이는 세포의 죽음을 의미하며 결국 생명체의 죽음을 가져옵니다. 그런데 텔로미어가 무조건 짧아지기만 하는 것은 아닙니다. 텔로미어를 복구하는 효소가 있는데, 바로 '말단소립 복제효소'라고도 불리는 **텔로머레이스**telomerase 입니다. 테트라히메나의 텔로머레이스는 짧아진 텔로미어를 원래 길이로 복원하고 심지어 더 길게 만듭니다. 즉, 텔로머레이스의 작용으로 테트라히메나는 영원히 살 수 있습니다.

사실 세포분열과 생명체의 죽음에 관해 연구한 것은 이들이 처음

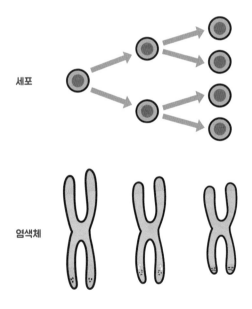

세포

염색체

세포가 분열할 때마다 텔로미어는 점점 짧아진다.

이 아닙니다. 레너드 헤이플릭Leonard Hayflick 교수는 1962년 정상세포의 분열에는 한계가 있음을 발견했으며, 암세포만이 불멸이라는 사실을 밝혀냈습니다. 그에 따르면 태아의 세포는 100번, 노인의 세포는 20번에서 30번 정도 분열한 후에 노화하며, 종 또는 신체의 위치에 따라서 세포의 분열 횟수가 정해져 있습니다. 헤이플릭 교수가 정상세포의 죽음이 생명체의 노화와 죽음으로 이어진다는 사실을 밝혀냈고, 이후 텔로미어가 발견되어 그의 주장을 뒷받침할 수 있게 된 것입니다.

그렇다면 텔로머레이스를 많이 발현시키면 인간도 늙지 않고 영원히 살 수 있지 않을까요? 사실 우리 몸에 있는 소장의 상피세포는 텔로머레이스의 작용이 활발히 이루어져 손실된 세포를 빠르고 지속적으로 복구합니다. 소장 상피세포 외에도 우리 몸에서 텔로머레이스의 작용이 활발한 세포가 있는데, 바로 암세포입니다. 앞서 헤이플릭 교수의 연구에서도 밝혀졌듯이 암세포는 불멸이며, 이 바탕

암세포는
불멸이라구!

에는 텔로머레이스의 활발한 작용이 있습니다.

　여기서 주제의 의문을 해결할 수 있습니다. 텔로머레이스가 많으면 노화를 일부 늦출 수 있겠지만, 반대로 암이 생길 위험이 커진다는 사실을 말입니다. 실제로 엘리자베스 블랙번 교수는 이것을 연구했고 같은 결과를 얻었습니다.

　그리고 블랙번 교수가 밝혀낸 재미있는 사실이 또 하나 있습니다. 스트레스를 많이 받은 사람 대부분이 텔로미어의 길이가 짧고, 스트레스 대응 능력이 텔로미어의 길이를 결정해 노화와 수명에 영향을 미친다는 사실입니다. 우리 인간의 오랜 관심의 대상인 죽음과 영생에 대한 답은 아직 완전히 얻을 수는 없겠지만, 마음먹기에 많은 부분이 달렸음을 명심해야겠습니다.

02

음악을 크게 들으면
정말 귀가 안 좋아질까?

요즘 길을 걷다 보면 허공에 대고 혼자 말하는 것처럼 보이는 사람이 자주 보입니다. 하지만 이를 이상하게 생각하는 사람은 거의 없습니다. 2022년 기준, 20대의 79%가 무선 이어폰을 사용한다고 대답할 정도로 무선 이어폰이 대중화되었기 때문입니다. 물론 무선 이어폰이 보급되기 이전에도 사람들은 줄 이어폰이나 헤드폰을 이용해 음악을 듣거나 통화를 했습니다. 그러나 편의성이 높고 소음차단 기능 등 다양한 기능이 추가된 무선 이어폰이 대중화되면서 훨씬 많은 사람이 길을 걷거나 지하철을 타거나 공부할 때 이어폰을 착용하게 되었습니다.

하지만 이런 편리함에는 숨은 부작용이 있습니다. 바로 난청 인구 역시 증가했다는 사실인데, 큰 소리에 지속적으로 노출되어 소리를 듣는 데에 어려움을 느끼는 **소음성 난청** 인구는 계속 늘고 있습니다. 청소년 여섯 명 중 한 명꼴로 소음성 난청을 앓고 있으며, 성인 소음성 난청 인구도 그 비율이 증가하는 추세입니다. 아래 체크리스트는 미국국립보건원NIH이 제시한 난청 자가 진단 방법입니다. 이 중 3개 이상에 해당하면 병원에 가서 검사를 받는 것을 권장합니다.

그런데 평소에는 잘 듣는 사람이라도 일시적으로 앞의 항목에 해

① 전화 통화하기가 어렵다. ☐

② 두 명 이상과 동시에 대화하기 어렵다. ☐

③ TV 소리를 너무 크게 해서 주변 사람이 불평한 적이 있다. ☐

④ 대화를 이해하기가 상당히 어렵다. ☐

⑤ 시끄러운 장소에서 소리를 듣기가 어렵다. ☐

⑥ 다른 사람에게 반복해 말해 달라고 청하기도 한다. ☐

⑦ 대화 상대가 중얼거리는 것처럼 느껴진다. ☐

⑧ 다른 사람의 말을 잘못 이해해 부적절하게 반응하기도 한다. ☐

⑨ 어린이나 여성의 말을 이해하기가 어렵다. ☐

⑩ 다른 사람의 말을 잘못 이해해 주변에 피해를 주기도 한다. ☐

당하게 될 때가 있는데, 큰 소리에 지속해서 노출된 직후입니다. 음악을 크게 들으면 정말 귀가 안 좋아지는 걸까요?

이 현상을 이해하기 위해선 귀의 구조와 우리가 소리를 듣는 과정을 알아야 합니다. 소리는 진동입니다. 이 진동은 귓바퀴에서 모인 후 외이도를 거쳐 고막에 전달됩니다. 소리가 전달된 고막은 가죽으로 만든 북처럼 진동하는데, 뼈 3개로 구성된 귓속뼈가 이 진동을 증폭합니다. 귓속뼈는 망치 모양의 망치뼈, 대장간에서 쓰는 받침대 모양의 모루뼈, 승마할 때 사용하는 발걸이와 비슷한 등자뼈로 구성되어 있습니다. 이 중 등자뼈는 달팽이관과 연결되어 있어 달팽이관 속으로 진동을 직접 전달합니다. 그런데 소리를 증폭시키는 귓속뼈가 반대로 진동을 줄일 때도 있습니다. 갑작스러운 큰 소

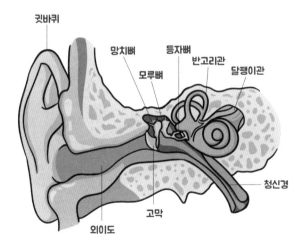

청각기관의 구조

리가 감지될 때입니다. 갑자기 큰 소리가 들리면 귓속뼈는 근육을 수축시켜 등자뼈의 과도한 떨림을 막아 림프액으로 전달되는 진동을 줄입니다. 즉, 큰 소리가 청력에 손실을 가져올 수 있음을 우리 몸은 이미 알고 있는 것입니다.

등자뼈로부터 전달된 진동은 달팽이관 내부의 림프액을 진동시키고, 림프액의 진동은 달팽이관 내부의 청각세포를 자극합니다. 청각세포에는 부동섬모라고 불리는 털이 나 있는데, 림프액이 움직이면서 이 부동섬모를 구부러트립니다. 이것에 의해 한 번 더 증폭된 진동은 전기적 신호로 바뀌어 청각신경을 거쳐 대뇌로 전달됩니다.

재미있는 것은 달팽이관의 부위별로 느낄 수 있는 음의 높이가 다르다는 사실입니다. 달팽이관은 약 2.75바퀴 꼬여 있는데, 이를 펼쳤을 때 등자뼈가 연결된 바깥쪽 부위는 고음을 감지하고, 안쪽

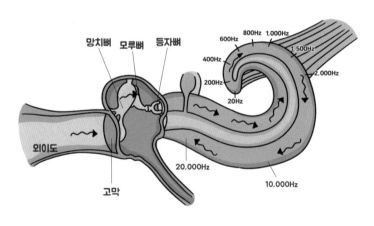

소리가 전달되는 과정과 달팽이관을 펼쳤을 때의 모습

부위는 저음을 감지합니다. 사람은 보통 20Hz(헤르츠, 주파수의 단위)에서 2만 Hz 범위의 소리를 들을 수 있으며, 소리를 감지하는 청각세포의 수가 많을수록 소리가 크다고 느낍니다.

큰 소리로 노래를 들으면 소음성 난청, 즉 감각신경난청sensorineural hearing loss을 겪게 됩니다. 소리로 인해 청각세포의 부동섬모가 손상되는 것입니다. 소리가 클수록 진동의 압력이 커지는데, 120dB(데시벨, 소리의 단위)이상의 소리는 부동섬모의 영구적 손상을 일으켜 난청의 원인이 됩니다. 또한 100dB이 넘는 소음에 15분 이상 노출되거나 90dB 이상 소음에 지속적으로 노출되면 청력을 영구적으로 잃을 수 있습니다.

소리가 작다고 해서 항상 안전한 것은 아닙니다. 소리의 크기와 관계없이 소리에 노출되는 시간이 길어도 잘 들을 수 없게 될 수 있습니다. 다만 이는 대부분 일시적인 현상으로, 시간이 지나면 어느 정도 해결됩니다. 개인에 따라 차이가 있으

소리의 크기

나 나이가 들어 감에 따라 사람의 청각세포는 1년에 0.5% 정도 손실됩니다. 청각세포의 손상은 고음을 감지하는 부위부터 시작되어 점점 저음을 감지하는 부위로 진행됩니다. 그래서 어린아이가 들을 수 있는 고음을 노인은 듣지 못하곤 합니다. 이 사실을 이용해 한때 '틴벨'이라는 10대만 들을 수 있는 고음의 벨소리가 출시된 적도 있습니다. 이렇듯 안 그래도 노화로 점점 청각을 잃어 가고 있는데, 큰 소리로 노래까지 들으면 조기에 영구적인 청각 손실이 일어날 수 있음을 명심해야 합니다.

귀 건강을 위한 이어폰 사용 수칙

(1) 커널형 이어폰보다는 헤드폰을 사용한다.

(2) 최대 음량의 60% 이하로 듣는다.

(3) 30분 이상 음악을 들었다면 5분 이상의 휴식을 취한다.

(4) 운동 중이나 샤워 직후에는 이어폰 착용을 피한다.

(5) 이어폰을 자주 소독한다.

(6) 귀가 조금이라도 불편하면 병원에 방문한다.

03

다른 나라 사람들이 느낄 수 있는
한국인 특유의 체취가 있을까?

외국인이 게스트로 나오는 프로그램을 보다 보면, 농담인지는 몰라도 외국인이 처음 한국 공항에 도착해 맡게 되는 냄새는 마늘 냄새나 김치 냄새라고 합니다. 물론 자주 먹는 음식의 냄새가 옷의 섬유에 배어 냄새를 유발할 수도 있습니다. 그렇다면 음식 냄새가 아니라 한국인이 가지는 특유의 체취가 있을까요?

결론부터 이야기하면 한국인 특유의 체취가 있습니다. 그런데, 조금 다른 접근이 필요합니다. 전 세계 화장품 시장에서 우리나라의 영향력이 점점 커지고 있습니다. 한국보건산업진흥원의 연구 결과에 따르면 2019년 기준 한국의 화장품 시장규모는 전 세계 8위이며, 수출액은 세계 4위를 기록하고 있습니다. 남성이 한 달에 화장품에 지출하는 비용 또한 우리나라가 전 세계 1위입니다. 그런데 이런 우리나라에서 유독 점유율이 낮은 제품이 바로 체취 제거와 관련된 화장품입니다. 각 나라의 화장품 시장에서 체취 제거 관련 화장품의 점유율은 약 5%입니다. 미국의 경우 약 6.3%, 프랑스는 약 5.8%를 차지합니다. 그러나 동아시아의 경우 체취 제거 관련 화장품의 점유율이 낮은데, 중국은 0.3%, 일본은 1.5%를 차지하며 한국은 0.4%에 불과합니다. 심지어 2019년에는 체취 방지용 제품류의 생산액이 약 33% 감소했으며, 가장 유명한 체취 제거 제품 중 하나인 디오더런트의 경우 전년 대비 70.8% 생산액이 감소했습니다.

냄새에 대한 인식의 차이가 작용할 수도 있지만 유독 동아시아 지역에서 체취 제거 관련 화장품의 점유율이 낮은 건 바로 유전적

	2017	2018	2019	2020	2021
총 생산 실적	13,515,507	15,502,849	16,263,274	15,161,800	16,653,300
기초화장용 제품류	7,617,757 (56.36%)	9,370,437 (60.44%)	9,812,343 (60.33%)	8,975,800 (59.20%)	10,178,900 (61.12%)
색조 화장용 제품류	1,529,838 (11.32%)	1,581,748 (10.20%)	1,880,006 (11.56%)	1,684,300 (11.11%)	1,707,500 (10.25%)
체취 방지용 제품류	3,189 (0.02%)	2,318 (0.02%)	1,569 (0.01%)	1,100 (0.01%)	1,500 (0.01%)

화장품 유형별 생산 실적(대한화장품협회제공/단위: 백만 원)

차이 때문입니다. **ABCC11** ATP-binding cassette sub-family C member 11이라는 유전자가 있습니다. 이 유전자에는 두 가지 대립유전자가 존재합니다. 우성은 GG 또는 GA로 표시되는데, 이 유전자를 가진 사람은 습기가 많은 귀지가 생기고, 아포크린샘에서 우리가 땀 냄새로 인식하는 성분이 많이 분비됩니다. 열성은 AA로 표시되는데, 이 유전자를 가진 사람은 반대로 건조한 귀지가 생기고, 아포크린샘에서 분비가 거의 되지 않습니다. 참고로 우리나라 사람들은 대부분이 AA형에 속하고, 이런 이유로 우리가 겨드랑이 냄새 또는 땀 냄새라고 말하는 냄새가 거의 나지 않아 체취가 거의 나지 않는 것입니다.

그렇다면 한국 사람들은 모두 냄새가 같을까요? 또 그렇지는 않습니다. 미국 필라델피아 모넬 화학지각센터 Monell Chemical Senses Center

연구진에 따르면 개인이 먹는 음식보다는 각 개인이 가진 유전자가 한 사람의 체취를 결정합니다. 체취는 유전적으로 결정되므로 지문처럼 바뀌지 않으며, 그 사람을 다른 사람과 구분하는 방법이 될 수 있다고 합니다. 또한 개인의 고유 체취는 면역체계에서 중요한 역할을 하는 주조직 적합 유전자 복합체^{HMC} 영역의 유전자들에 의해 부분적으로 결정된다고도 알려져 있습니다.

실생활에서 이를 경험할 때가 있습니다. 바로 다른 사람 집에 놀러 갔을 때입니다. 타인의 집에 들어서는 순간 뭔가 다른 '집 냄새'를 경험한 적이 있을 것입니다. 집 냄새에는 음식 냄새도 포함되며, 집의 습도나 온도 등의 조건 등에 따라 자라는 곰팡이, 하수구 냄새, 디퓨저, 화장품 냄새 등이 포함됩니다. 거기에 그 집에 사는 사람들의 체취가 더해져 우리는 '집 냄새'를 느끼게 됩니다. 나와 다른 사

람은 유전적으로 다르므로 냄새를 더 쉽게 감지할 수 있습니다.

그런데 일정 시간이 지나면 그 냄새에 금방 적응합니다. 바로 **후각 피로 현상**, 혹은 적응 현상 때문입니다. 동일한 냄새에 대한 피로, 악취에 대한 방어를 위해 후각기관이 반응한 것입니다. 냄새에 대한 반응 시간은 0.2초에서 0.5초, 적응 시간은 15초에서 30초 정도 됩니다. 따라서 외국인이 우리나라 공항에 도착하면 체취를 거의 느낄 수 없고, 혹시 음식 냄새를 맡았다고 해도 30초 정도가 지나면 그 냄새를 거의 감지하지 못하게 됩니다.

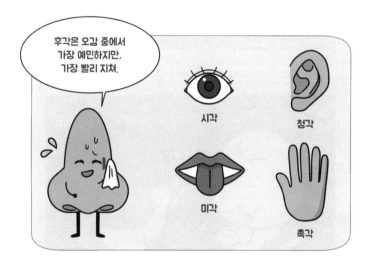

04

매운 걸 먹으면
왜 콧물이 나올까?

여러 학설이 있지만 우리나라에 고추가 유입된 것은 대략 16세기 전후입니다. 생각보다는 매운 음식의 대명사 고추가 들어온 역사는 짧지만, 청양고추를 고추장에 찍어 먹는 우리나라 사람들의 '맵부심'은 남다릅니다. 그런데 매운 것을 잘 먹는 사람이든 못 먹는 사람이든 매운 음식을 먹으면 비슷한 신체 반응이 나타납니다. 얼굴에 홍조가 생기고 땀과 콧물이 나며 배탈 등을 겪는 것입니다. 이유가 뭘까요?

이유를 알기 위서는 매운맛을 느끼는 과정과 그와 관련된 신체 구조를 이해해야 합니다. 흔히 매운 '맛'이라는 표현을 쓰지만 사실 매운맛은 맛이 아닙니다. 맛을 감지하기 위해선 혀에서 느끼는 미각과 코에서 느끼는 후각의 협동이 필요합니다. 눈을 가리고 코를

막은 사람에게 양파를 사과라고 속이고 먹이면, 대다수 사람은 양파를 사과라고 생각합니다. 맛을 느끼는 데에 후각의 중요성이 그만큼 큰 것입니다.

맛의 종류는 다섯 가지입니다. 단맛, 짠맛, 신맛, 쓴맛, 감칠맛이 그것입니다. 2000년 이전에는 단맛, 짠맛, 신맛, 쓴맛 네 가지만 맛으로 인정받았지만, 1908년에 감칠맛이 발견된 이후 2000년 2월에 혀에서 감칠맛 수용체가 발견되면서 감칠맛도 정식으로 인정받았습니다. 감칠맛은 해산물, 버섯, 고기, 발효식품 등에서 느낄 수 있습니다.

한때 감칠맛을 제외한 단맛, 짠맛, 신맛, 쓴맛을 혀의 특정 부분에서 감지한다는 잘못된 내용이 교과서에 실리는 일도 있었습니다. 단맛은 혀의 앞면에서, 짠맛은 그 위쪽 양옆에서, 신맛은 더 위쪽 양옆에서, 그리고 마지막으로 쓴맛은 혀의 가장 안쪽에서 느낀다는 내용입니다. 이는 잘못된 정보로, 맛을 느끼는 미각세포가 모인 **미뢰** taste bud가 없는 혀의 일부 중앙 부위를 제외하고는, 혀의 모든 부위

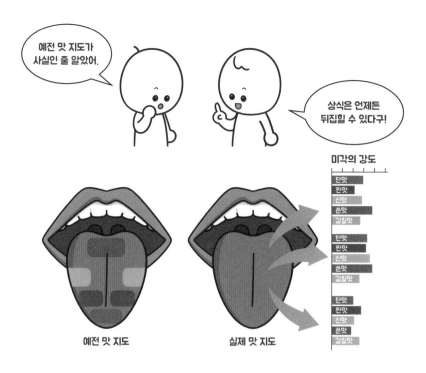

에서 정도의 차이가 있지만 다섯 가지 맛을 모두 감지합니다.

그렇다면 매운 느낌은 어디서 감지될까요? 바로 통증을 느끼는 감각에서입니다. 고추를 먹으면 느껴지는 매운맛은 캡사이신 때문인데, 캡사이신은 혀에서 온도를 감지하는 TRPV1과 TRPV2 등의 감각수용체를 자극합니다. 감각수용체가 자극되면 우리는 열과 통증을 느끼며, 이를 감지한 우리 몸은 다양한 반응을 합니다. 우선 몸에 난 열을 식히기 위해 교감신경이 반응해 땀을 분비하며, 뇌에서는 천연 진통제인 엔도르핀endorphin을 분비합니다. 스트레스를 받을 때 매운 것을 먹으면 스트레스가 풀린다고 느끼는 이유가 이 엔

도르핀 때문이라는 주장도 있습니다. 또한 캡사이신이 입천장의 감각신경을 자극하면 부교감신경이 자극됩니다. 이때 아세틸콜린 acetylcholine이라는 신경전달물질이 분비됩니다. 아세틸콜린은 혈관을 이완시켜 안면홍조 등을 야기하고, 코점막의 분비선을 자극해 콧물 분비량을 증가시킵니다. 콧물은 우리 몸으로 들어오는 먼지나 세균을 막고, 체온과 비슷한 온도의 공기를 폐로 보내는 역할을 하기도 합니다.

맵거나 뜨거운 음식을 먹을 때 콧물이 많이 흐르는 현상을 의학적으로 비알레르기성 비염인 혈관운동성 비염이라고 부릅니다. 이와 비슷하게 음식만 먹어도 콧물이 나오는 경우도 있습니다. 이를 미각성 비염이라고 부릅니다. 미각을 전달하는 신경이 코점막신경과 연결되어 음식을 먹을 때마다 콧물이 나오는 증상입니다. 이런 비알레르기성 비염은 코점막에 대한 과도한 부교감신경의 자극, 또

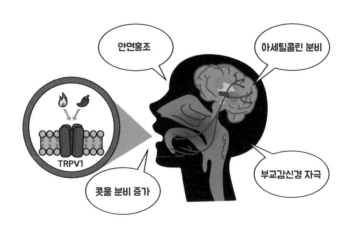

는 교감신경 능력의 상대적 저하 등 자율신경계의 불균형을 그 원인으로 추정합니다.

흥미로운 점은 포유류와 곤충류 역시 캡사이신 수용체를 가지고 있지만 조류에게는 캡사이신 수용체가 없다는 사실입니다. 진화생물학자들은 식물이 캡사이신을 만든 이유가 포유류나 곤충류가 열매를 쉽게 먹지 못하게 하기 위해서라고 주장합니다. 캡사이신을 통증으로 느끼지 않는 조류가 열매를 먹으면 식물의 생존과 번식에는 분명 유리합니다. 조류는 씹지 않고 열매를 통째로 삼켜 씨앗을 안전하게 유지하며, 날 수 있기에 더 멀리 이동해 씨를 퍼트리기 때문입니다. 하지만 캡사이신을 만든 식물도, 통증을 느껴 가며 매운 음식을 즐기는 인간의 존재까지는 예상하지 못한 것 같습니다.

05

책상은 나무로 되어 있는데
왜 썩지 않을까?

콘셉트에 따라 다르겠지만, 인테리어에 사용되는 재료는 주로 플라스틱이나 금속, 그리고 나무입니다. 그런데 플라스틱과 금속은 무생물이므로 썩지 않는 게 당연하지만, 생물인 나무로 만든 가구는 왜 잘 썩지 않는 걸까요?

나무는 인류의 삶에서 다양한 방식으로 사용되어 왔습니다. 땔감으로 사용되었고, 수저나 그릇, 신발, 가구 등 각종 생활용품의 재료가 되었으며 집의 기둥이 되기도 했습니다. 이집트의 피라미드에선 나무로 만든 공예품이 발견되었으며, 나무로 만든 관이 석관 안에 잘 보존된 채 남아 있기도 했습니다. 이렇듯 돌이나 금속만큼 보존력이 좋지는 않지만, 나무는 조건에 따라 오랫동안 썩지 않고 남아 있을 수 있습니다.

그렇다면 생물인 나무로 만든 물건들은 어떻게 오랜 기간 보존될 수 있을까요? 이 질문에 답하기 위해선 나무를 구성하는 물질에 대해 알아야 합니다. 생태계에서 나무는 광합성을 통해 스스로 양분을 만드는 생산자입니다. 생산자는 동물 등의 소비자의 먹이가 되어 양분을 공급하며, 결국 세균과 미생물 등의 분해자에 의해 분해되어 다시 생산자의 생존에 사용되는 무기물이 됩니다. 나무를 구성하는 물질에는 셀룰로스cellulose와 헤미셀룰로스hemicellulose, 펙틴pectin, 리그닌lignin 등이 있습니다. 서로 다른 미생물들이 이 다양한 물질의 분해에 관여합니다.

　이 중 **셀룰로스**는 자연계에 가장 많이 존재하는 유기화합물로, 고등식물 세포벽의 주성분이기에 모든 식물성 물질의 30% 이상을 차지합니다. 이러한 셀룰로스는 나무 외에도 세균이나 멍게류, 바닷말

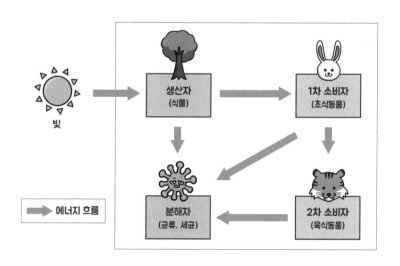

등의 외피, 조개류의 점액 속 등에도 존재하고, 섬유소라는 이름으로도 불립니다.

헤미셀룰로스는 알칼리에 녹는 다당류로, 셀룰로스와 함께 세포벽을 구성합니다. 신호 전달물질로서 기능하기도 하며, 뿌리, 줄기, 씨앗, 열매의 저장 탄수화물로서 기능을 수행합니다. 우리가 콜레스테롤 감소와 혈중 당 수치 감소, 면역반응 촉진, 암 발생 감소 등을 위해 섭취하는 **펙틴** 역시 식물의 세포벽을 구성하며, 식물의 생장, 발생, 형태 유지, 방어, 세포 간 접착, 낙엽 현상, 과일 성숙 등에 관여합니다.

리그닌은 활엽수, 침엽수, 일부 조류algae에서 조직을 지지하는 중요한 구조 물질을 형성하는 유기화합물입니다. 수중식물과 하등식물에서는 발견되지 않아 일부 과학자는 리그닌이 육상 고등식물의

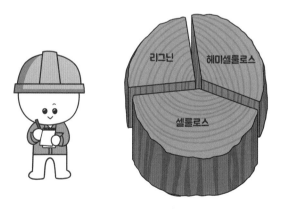

목재의 주요 구성 성분

진화와 관련이 있을 것으로 추측하고 있습니다.

어쨌든 집의 가구, 심지어는 피라미드 속의 나뭇조각이 지금까지 썩지 않고 남아 있는 이유가 바로 이 물질들 때문입니다. 나무를 가구나 조각 등으로 가공하기 위해서는 각 목재의 특성과 두께, 건조 환경, 제작하려는 물건의 종류 등 여러 요인을 고려해 몇 주에서 몇 달, 길게는 몇 년까지 인공 건조 또는 자연 건조하는 과정을 거칩니다. 종류에 따라 차이가 있겠으나 갓 자른 목재의 수분 함량은 30%에서 50% 수준인데, 보통 가구 제작에 사용되는 목재의 수분 함량은 6%에서 15% 정도입니다. 이렇게 나무가 잘 건조되면 셀룰로스와 리그닌 등의 물질이 미생물이 들어오지 못하게 장벽을 형성합니다. 분해자인 미생물이 활발히 활동하기 위해서는 적절한 온도와 습도 등이 갖추어져야 하는데, 그 조건 중 습도에 대한 부분을 제거하는 것입니다. 이렇듯 미생물의 내부 침투를 막았기에 목재는 자

건조 전 목재   건조 후 목재

연 상태의 나무보다 잘 썩지 않습니다. 그렇다고 목재의 수분 함량이 너무 낮으면 균열이나 갈라짐, 뒤틀림 등의 문제가 생길 수 있으므로 적절한 수분 함량을 유지하는 것이 중요합니다.

잘 건조된 목재로 가구를 만든 뒤 바니시, 페인트, 스테인 등으로 코팅을 해 주면 습도에 의한 훼손이나 긁힘, 마모로부터 더욱 안전해집니다. 이렇게 복잡한 과정을 거쳐서 만들어졌기에 나무 가구들은 자연 상태의 나무의 수명보다 훨씬 오랫동안 우리 곁에 남을 수 있습니다.

06

어두운 곳에 들어가면 왜
아무것도 안 보이다 서서히 보일까?

시각, 청각, 후각, 미각, 촉각 중 인간이 정보를 받아들이는 주된 감각은 시각입니다. 그래서 깜깜한 밤에 갑자기 정전이 되면 우리는 아무것도 보이지 않아서 당황합니다. 이때 시간이 점차 흐르면서 보이기 시작하는데, 밝은 곳에서만큼 보이는 것은 아니어도 눈이 조금씩 어둠에 적응해 갑니다. 여기서 주제의 의문이 생깁니다. 우리 눈은 어두운 곳에서 어떻게 서서히 주변을 볼 수 있게 될까요?

이에 답하기 위해서는 우선 눈의 가장 기본적인 형태인 **안점**광점, eye spot에서부터 포유류의 눈까지, 눈의 진화 과정을 알아야 합니다. 길이가 0.015mm에서 0.53mm에 불과한 단세포생물인 **유글레나** Euglena는 광수용기와 안점이라는 시각기관을 가지고 있습니다. 안점은 빛에 민감한 단백질 집단으로 긴 채찍 모양 기관인 편모와 연결되어 있습니다. 안점에서 빛이 감지되면 유글레나는 편모를 움직여 빛이 오는 방향으로 이동하는데, 이렇게 빛을 따라 움직이려는 성질을 양성 주광성이라고 합니다. 물론 빛이 너무 강하면 빛의 반대 방향으로 이동하는 음성 주광성을 보이기도 합니다.

여러 조각으로 잘라도 각 조각이 완전한 개체로 재생하는 편형동물인 **플라나리아**planaria는 유글레나보다 진화된 형태의 안점을 가지고 있습니다. 플라나리아는 종에 따라 안점을 한 쌍 또는 여러 쌍 가지고 있는데, 일부 종의 경우 작은 안점을 140개나 가지기도 합니다. 컵처럼 안으로 오목하게 들어간 구조 속에 있는 플라나리아의 안점은 빛이 들어오는 방향을 감지하는 데 도움을 줍니다. 이렇듯 초기 형태의 시각기관은 단순히 어둡고 밝은 정도, 혹은 그 방향을 감지하는 역할을 했습니다.

살아 있는 화석으로 불리는 **앵무조개**Nautilidae 는 플라나리아보다 더 진화된 눈을 가지고 있습니다. 앵무조개의 눈은 오목하게 들어간 구조에서 빛이 들어오는 입구가 더 작은데, 이런 모양의 변화는

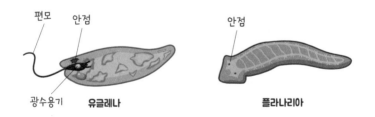

유글레나　　　　　　**플라나리아**

단세포생물은 눈의 이전 형태인 안점을 가진다.

살아 있는 화석…

눈

앵무조개

빛이 얇게 들어오게 해 상의 왜곡을 줄이고, 해상도와 방향을 감지하는 능력을 높입니다. 하지만 앵무조개의 눈은 아직 막으로 둘러싸여 있어 독립된 구조를 이루지는 못했으며, 눈에서 렌즈 역할을 하는 수정체가 없습니다. 안구 내부를 채우는 유리체도 없어서 눈 안쪽에는 바닷물이 차 있습니다.

이후 동물이 진화함에 따라 눈도 함께 진화했습니다. 눈을 보호하기 위해 안구를 덮고 있던 세포는 입구를 막아 각막을 이루었고, 눈 안쪽으로 투명한 액체가 차면서 유리체가 생김으로써 빛을 감지하는 능력이 향상되었습니다. 투명한 단백질은 수정체를 이루어 멀고 가까운 곳을 조절해 보게 되었으며, 홍채는 빛이 들어오는 양을 조절하는 형태로 진화했습니다. 빛을 수용하는 시각세포도 다양해져

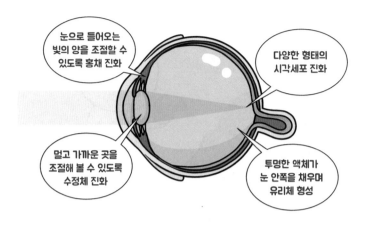

눈으로 들어오는 빛의 양을 조절할 수 있도록 홍채 진화

다양한 형태의 시각세포 진화

멀고 가까운 곳을 조절해 볼 수 있도록 수정체 진화

투명한 액체가 눈 안쪽을 채우며 유리체 형성

서 눈은 단순히 어둡고 밝은 정도를 파악하는 기관에서 다양한 색을 감지하는 기관으로 진화하게 됩니다. 이렇게 만들어진 눈에서 빛은 각막, 동공을 거쳐 수정체, 유리체에 이른 후 망막의 시각세포에서 전기적 신호로 변환됩니다. 전기적 신호는 시각신경을 통해 뇌로 전달되고, 이를 통해 우리는 시각을 통해 정보를 받아들이게 됩니다.

여기서 주목해야 할 것이 바로 시각세포입니다. 진화 과정에서 각 동물은 다양한 형태의 시각세포를 가지게 됩니다. 이 시각세포를 광수용체photoreceptor라고 하는데, 두 가지 형태가 있습니다. 하나는 명암을 감지하는 **막대세포** rod cell, 간상체이고, 다른 하나는 색을 감지하는 **원뿔세포** cone cell, 추상체입니다. 어떤 종류의 광수용체를 얼마나 많이 가졌느냐에 따라 세상은 다르게 보입니다. 초기 시각세포는 명암만을 감지했지만 진화를 거듭하면서 종별로 색을 감지하는 능력이 달라졌습니다.

막대세포는 광자photon 하나를 감지할 수 있을 정도로 빛에 매우 민감해 야간 시력 대부분을 담당합니다. 사람의 눈 한쪽에는 막대세포가 1억 2000만 개 정도 분포하는데, 막대세포는 빛의 밝기를 느끼는 세포 한 종류로 구성되어 있어 밝고 어두움을 구분하는 데 사용됩니다. 색을 구분하는 기능은 없으며 낮에는 거의 사용되지 않습니다.

반면 원뿔세포는 특정 파장의 빛에 보다 민감한 여러 종류의 세포로 구성되어 있으며 주로 낮에 사용됩니다. 사람의 망막에는 원뿔세포가 600만 개 정도 분포하는데, 사람의 경우 빨간색과 녹색, 파란색을 감지하는 세 종류의 원뿔세포를 지니고 있으며 이를 조합해 사물의 색을 감지합니다. 개의 경우 파란색과 노란색을 감지하

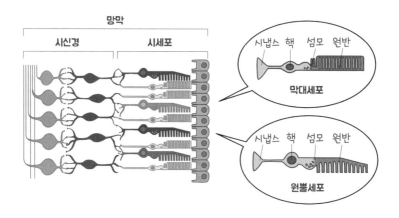

보유한 원뿔세포의 종류에 따라 볼 수 있는 색이 다르다.

는 원뿔세포를, 물고기는 녹색과 파란색을, 개구리는 노란색과 녹색, 파란색을 감지하는 원뿔세포를 가지고 있고, 청띠제비나비는 원뿔세포를 무려 15가지 이상 가지고 있습니다. 이는 나무가 많은 초록빛 숲속에서 파란색과 초록색을 더 세밀하게 구분함으로써, 빠른 속도로 비행할 때도 날개에 파란 띠를 가진 자신의 무리를 찾기 위함이라고 추정됩니다.

그렇다면 우리 눈은 어떻게 어둠에 적응할 수 있을까요? 어두운 곳에서 눈은 홍채를 수축해 동공의 크기를 키움으로써 안구로 들어오는 빛의 양을 늘립니다. 하지만 그렇다고 어둠에 바로 적응할 수는 없는데, 광수용체가 기능하는 데에 시간이 걸리기 때문입니다. 사람에 따라 차이가 있겠으나 원뿔세포가 어둠에서 최대한으로 능력을 발휘하기 위해서는 약 5분이 걸리며, 약 10분 뒤에는 밝은 곳에서는 사용되지 않던 막대세포가 원뿔세포보다 더 많이 기능하게 됩니다. 40분이 지나면 막대세포의 기능이 최대로 발휘되어 어둠 속에서 정보를 받아들일 수 있게 됩니다. 어두운 곳에서 평소보다 색이 잘 구분이 되지 않는 이유도 이와 같습니다. 어둠 속에서는 색깔을 구분하는 원뿔세포가 아닌 명암을 구분하는 막대세포가 주로 기능하기 때문에 밝은 곳에 비해서 색을 잘 구분하지 못하는 것입니다.

07

나이 많은 남성들은 왜
눈썹과 수염이 길게 자랄까?

1990년대에 방영된 한 애니메이션에는 배추도사와 무도사라는 캐릭터가 등장합니다. 나이가 아주 많은 도사로 설정된 두 캐릭터의 공통된 특징은 눈썹과 수염이 매우 길다는 것입니다. 그런데 애니메이션뿐 아니라 현실에서도 남성 노인의 눈썹과 수염이 머리카락처럼 길게 자라는 경우를 자주 볼 수 있습니다. 심지어 머리에 탈모가 있더라도 눈썹과 수염이 길고 풍성하기도 합니다. 왜 유독 나이 많은 남성들에게만 이런 현상이 나타날까요?

여성들은 나이가 들어도 남성처럼 눈썹이 길어지지 않는다는 사실에서 힌트를 얻을 수 있습니다. 즉 남성호르몬 중 **테스토스테론** testosterone이 이 현상과 관련이 있습니다. 테스토스테론은 라틴어 testis(고환)와 sterol(스테로이드)의 합성어로, 척추동물에서 발견되는

스테로이드계 성호르몬입니다. 테스토스테론은 우리 몸에서 성 기능을 향상시키고 근육과 뼈의 생성과 성장을 촉진하며 체모를 증가시킵니다. 그래서 테스토르테론이 부족하면 성 기능 소실, 골다공증, 우울증, 기억력 감퇴 현상 등이 나타날 수 있습니다. 이런 이유로 운동선수들에게는 테스토스테론 등의 약물 사용이 금지되어 있습니다. 해당 약물이 도핑테스트에서 검출되면 선수는 메달을 박탈당하게 되는데, 이는 선수를 보호하기 위함이기도 합니다. 너무 많은 테스토스테론을 지속적으로 투여할 경우 불임이나 전립선암 발생률이 증가하며, 적혈구 증가증이나 폐쇄성 수면무호흡증, 심부전증, 여성형 유방, 지나친 체모 증가 등의 부작용을 겪을 수 있기 때문입니다.

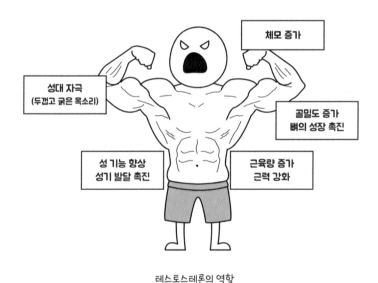

테스토스테론의 역할

그런데 체모를 증가시키는 테스토스테론이 반대로 탈모를 유발하기도 합니다. 테스토스테론은 모낭에 존재하는 5-알파환원효소 5-alpha reductase 와 결합해서 **디하이드로 테스토스테론** DHT 이라는 대사물질로 바뀌는데, 이 DHT가 눈썹 아래 부위와 두피 부위에서 상반된 역할을 하기 때문입니다. 우선 눈썹과 콧속, 입가 등의 눈썹 아래 부위에서 DHT는 성장촉진인자 IGF-1 를 생성해 털을 오래 자라게 합니다. 눈썹의 수명은 평균 3개월 정도인데, DHT가 수명을 늘리면 털이 오래 자라게 되므로 그 길이가 길어지는 것입니다. DHT의 양은 나이가 들수록 증가하고, 그래서 노년 남성의 눈썹과 코털은 청년 남성의 털보다 길게 자라게 됩니다.

반면 DHT는 앞머리와 정수리 등 두피의 모낭에서는 오히려 탈모를 유발합니다. DHT가 이렇게 반대로 작용하는 이유에 대해서

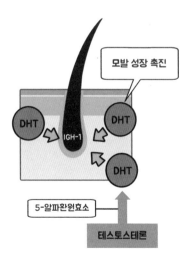

는 아직 연구가 진행되고 있지만, DHT가 두피의 모유두에 존재하는 안드로겐수용체와 결합하면 세포 파괴 신호를 전달한다는 주장이 힘을 얻고 있습니다. 이와 관련해 전립선비대증을 치료하기 위해 만들어진 5-알파환원효소 억제제를 먹은 환자는 DHT가 생성되지 않아 눈썹이 길게 자라지 않았으며 탈모 증상이 완화되는 모습을 보였습니다.

이렇듯 눈썹과 머리카락의 길이에는 우리 몸속 다양한 물질들이 영향을 미치고 있습니다. 그러니 털에 갑작스러운 변화가 생겼다면 가벼이 넘기지 말고 병원을 찾아야 합니다.

눈썹에도 탈모가 생길까?

머리카락 탈모와 원인은 다르지만, 눈썹과 속눈썹에도 탈모가 생길 수 있습니다. 눈썹이 갑자기 너무 많이 빠진다면 갑상선기능저하증을 의심해 봐야 합니다. 갑상선기능저하증 환자 세 명 중 한 명은 눈썹 탈모가 있다고 합니다. 이외에도 아토피성피부염이나 지루성피부염, 자가면역질환이나 전신탈모증이 있을 때도 눈썹 탈모가 일어날 수 있습니다.

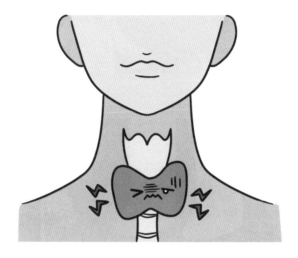

08

광합성을 하지 않는
식물도 있을까?

광합성光合成은 생물이 태양 빛을 이용하여 양분을 스스로 만드는 과정을 말합니다. 식물은 광합성을 통해 물과 이산화탄소를 재료로 엽록체에서 포도당과 산소를 생성하며, 이후 포도당을 녹말의 형태로 저장하고 산소는 배출합니다. 생물이 살아가기 위해서는 식물의 광합성이 필수적입니다.

식물 대부분은 광합성을 합니다. 교과서에도 생물을 식물계, 동물계, 균계, 원생생물계, 원핵생물계의 다섯 계로 나누면서 식물계의 특징으로 광합성을 꼽습니다. 식물의 잎이 대부분 초록색을 띠는 것 역시 삼원광(빨강, 초록, 파랑) 중 광합성에 필요한 빨강과 파랑은 흡수하고, 초록은 반사하기 위함입니다.

그런데 통념과 달리 광합성을 하지 않는 식물도 존재합니다. 이런

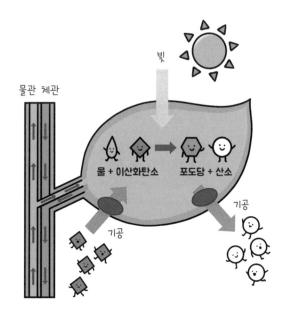

식물들에게는 어떤 특징이 있을까요? 이들은 광합성을 하지 않아 빛이 필요가 없으므로 주로 음지에 서식합니다. 또한 광합성에 유리한 초록색 색소 역시 필요 없기에 대다수가 투명한 하얀 몸체를 가집니다. 물론 개중에는 곤충을 유혹하기 위해 예외적으로 화려한 색을 띠는 식물도 있습니다. 이 경우 바퀴벌레나 곱등이, 파리 등이 나비와 벌의 역할을 대신합니다.

극단적으로 잎도 만들지 않는 경우도 많습니다. 이들은 땅속에 있다가 번식을 할 때만 삐죽 작은 꽃을 올립니다. 심지어 그때도 에너지를 아끼고 곤충의 도움 없이 안정적으로 씨앗을 만들기 위해, 꽃잎을 열지 않고 스스로 수분하는 자가수분을 통해 씨앗을 만드는 경우도 있습니다. 또한 씨앗을 퍼트릴 때만 줄기나 꽃대를 높게 키우는 식물도 있습니다.

그렇다면 광합성을 하지 않는 식물들은 포도당과 같은 유기화합물을 어떻게 얻을까요? 이를 이해하기 위해서는 영양분을 얻는 방법에 따른 생물 분류법을 알아야 합니다. 스스로 포도당과 같은 유기화합물을 만드는 생물을 **독립영양생물**autotroph 이라고 합니다. 독립영양생물에는 엽록소를 가지고 있는 식물이나 일부 세균이 속하는 **광독립영양생물**photoautotrophs 과, 무기물을 화학적으로 산화시켜 에너지와 유기물을 얻는 대다수 고세균이 속하는 **화학독립영양생물**chemoautotroph이 있습니다. 독립영양생물과는 반대로 균류와 동물, 대다수 세균은 독립영양생물이 만들어 둔 유기화합물을 이용하는 **종속영양생물**heterotroph 입니다. 정리하자면 대다수 식물은 스스로 광합성을 통해 유기화합물을 만드는 독립영양생물인데, 광합성을 하지 않는 식물은 다른 생물이 만들어 놓은 유기화합물을 이용해야 하기

독립영양생물

광독립영양생물

대다수 식물   일부 세균과 원생생물

화학독립영양생물

대다수 고세균

종속영양생물

동물

대다수 세균

일부 식물

에 종속영양생물이 되는 것입니다.

　그렇다면 광합성을 하지 않는 식물은 양분을 누구로부터 얻을까요? 보통은 균계로부터 얻습니다. 넓은 의미로 세균류와 점균류, 버섯류, 곰팡이류를 모두 균계로 분류하는 경우도 있지만, 좁은 의미로 세균과 점균을 제외한 버섯류와 곰팡이류를 균계로 분류합니다. 광합성을 하는 식물의 경우 식물과 세균은 공생합니다. 세균은 식물에 수분과 무기질을 제공하며 식물은 세균에 유기화합물을 제공합니다. 반면에 광합성을 하지 않는 식물은 세균이 아닌 균계로부터 유기화합물과 무기물, 물을 모두 받기만 하고 어떤 이득도 주지 않습니다. 이들은 보통 균근균mycorrhizal fungi 이나 부후균drt rot fungus 으로부터 생명 활동에 필요한 물질을 공급받습니다. 균근균은 식물의

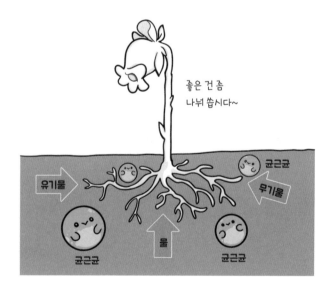

80%와 공생할 정도로 광범위하게 식물과 관계를 맺고 있습니다. 광합성을 하는 식물조차 일조량이 줄어드는 겨울에는 많은 부분을 이 균근균에 의존한다고 합니다. 부후균은 낙엽이나 나무를 분해하여 영양분을 얻는 균계입니다.

균계에 기생하여 살며 광합성을 하지 않는 식물은 현재 12과 90속 530종 정도가 알려져 있습니다. 가령 으름난초는 뽕나무버섯이 낙엽 등을 분해하여 만든 유기물을 얻어 자랍니다. 이외에도 나도수정초, 수정난풀이나 멸종위기 야생식물 2급인 대흥란 등도 광합성을 하지 않으며, 일부는 종자를 만들 때만 광합성을 합니다. 이들에 대해서는 더 많은 연구가 필요합니다. 그러니 여름에 산속의 음지를 지날 때는 주의 깊게 발아래를 살펴보기 바랍니다. 작은 하얀 식물이 수줍게 꽃을 내보이고 있을지 모르기 때문입니다.

광합성을 하지 않는 식물, 나도수정초
©coniferconifer

2부

엉뚱하고 기발한
물리 호기심

09

왜 산에서도, 동굴에서도
메아리가 생길까?

산 정상에서 "야호" 하고 소리를 지르면 조금 뒤 반대편에서 응답하듯 "야호" 하는 소리가 들립니다. 이렇게 되울려 오는 소리를 산울림, 즉 메아리라고 합니다. 그런데 산이 아닌 동굴이나 비어 있는 방에서도 마찬가지로 메아리가 생깁니다. 여기서 주제의 의문이 생깁니다. 왜 산에서도 동굴에서도 메아리가 생길까요?

우리가 듣는 소리는 공기의 진동을 통해 전달되는 파동입니다. 파동은 전달물질인 매질媒質의 진동 방향과 파동의 전달 방향에 따라 **종파**longitudinal wave, 縱波 와 **횡파**transverse wave, 橫波 로 구분되는데, 소리는 매질인 공기의 진동 방향과 소리의 전달 방향이 나란한 종파입니다. 공기가 소리의 전달 방향으로 밀려갔다 원래 위치인 전달 반대 방향으로 밀려오는 것을 반복하며 소리가 전달됩니다.

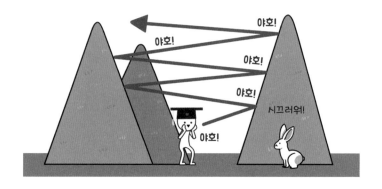

이렇게 전달된 소리는 산과 같은 단단한 장애물을 만나면 부딪혀 되돌아오는데, 장애물이 멀리 떨어져 있을수록 반사되는 소리는 한참 후에 들립니다.

같은 맥락에서 동굴 안에서는 노래방의 에코 효과가 설정된 것처럼 목소리가 울려 들립니다. 이는 목욕탕이나 빈 방에서도 마찬가지인데, 좁은 공간에서 소리를 내면 소리가 단단한 벽에 부딪혀 반사되어 돌아와 처음 낸 소리와 약간의 시차를 두고 들리게 되어 울리는 것처럼 느껴집니다. 빈 방에서는 소리가 울려 들리지만 가구가 들어서면 소리가 전달되는 공간의 크기와 모양, 공간을 이루고 있는 재질에 따라 소리의 전달 방식이 달라지면서 이 울림은 느껴지지 않습니다.

이러한 소리의 성질 때문에 일상에서 흥미로운 현상이 자주 관찰됩니다. 소리는 1초에 평균 340m를 이동하는데, 이는 340m 떨어진 산에 대고 "야호" 하고 소리를 지르면 2초 후에 "야호" 하고 메아리가 들린다는 의미입니다. 반면 1초에 약 30만 km를 이동하는 빛은 소리보다 훨씬 빠릅니다. 보는 것과 들리는 것의 명확한 차이는 천둥 번개가 치는 날 밤에 알 수 있습니다. 먼저 번쩍하고 세상이 환해지며 번개가 친 뒤에 요란한 천둥소리가 들려옵니다. 빛과 소리의 속도가 다르므로 시차가 생기는 것입니다. 이때 번개와 천둥의 시간 차이가 클수록 번개 친 곳이 나에게서 멀리 떨어진 곳임을 알 수 있습니다.

야구장 같은 큰 경기장에서는 외야와 내야의 관람객이 내는 소리가 돌림노래처럼 들립니다. 외야에서 내는 소리와 내야에서 내는 소리가 나에게 전달되는 속도에 차이가 있기 때문입니다. 마찬가지로 대형 콘서트장에서도 같은 문제가 발생할 수 있는데, 무대에서 멀리 떨어진 객석의 관객에게는 가수의 노랫소리가 시차를 두고 들리게 되니 가수의 노래가 반주와 맞지 않게 들릴 수 있습니다. 이를 조정하기 위해 대형 콘서트장에서는 무대 앞 스피커와 객석 쪽 스피커 간의 거리 차를 고려해 두 스피커가 내는 소리에 시차를 둡니다. 두 스피커가 약 340m 떨어져 있다면 객석 쪽 스피커에서 1초 정도 소리를 늦게 내는 식입니다.

이런 이유로 유명 공연장은 건축 단계에서부터 공간의 크기와 모양, 공간을 이루는 재질 등을 모두 고려하여 관람객이 객석에서 공

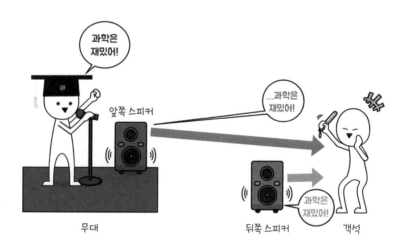

연을 감상할 때 최적의 효과를 느낄 수 있도록 설계됩니다. 무대의 소리, 스피커의 소리가 전달될 때 벽에 부딪혀 나오는 소리와의 작용 등을 모두 계산해 설계하는 것입니다. 요즘은 컴퓨터 프로그램을 이용해 소리를 조정함으로써 집에서도 마치 공연장에서 감상하는 것과 같은 효과를 만들어 내기도 합니다.

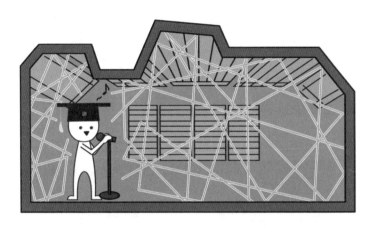

공연장은 소리의 속도와 반사 정도 등을 모두 고려해 설계된다.

10

입으로 분 풍선은 가라앉는데
헬륨 풍선은 왜 뜰까?

영화 〈업〉에는 집에 수많은 풍선을 매달아 하늘을 나는 장면이 나옵니다. 영화에서 집을 띄우기 위해 사용한 풍선의 개수는 총 2만 622개라고 합니다. 실제로 계산해 보면 현실에서 집을 공중에 띄우기 위해선 대략 풍선 2000만 개에서 3000만 개가, 사람을 띄우기 위해선 5000개 정도가 필요하다고 합니다. 그런데 모든 풍선이 하늘로 떠오를 수 있는 것은 아닙니다. 유원지나 행사장에서 나누어 주는 풍선은 하늘 위로 둥실 뜨지만 입으로 불거나 공기주입기로 부풀린 풍선은 놓으면 땅으로 떨어집니다. 왜 같은 풍선인데 하나는 떠오르고 다른 하나는 가라앉을까요?

물체가 공중으로 떠오르기 위해선 공기보다 가벼워야 합니다. 여기서 잠깐 흔히 사용되는 '가볍다'라는 개념을 짚어 보겠습니다. "솜

1kg과 철 1kg 중 어느 것이 더 가벼울까"라는 질문을 들으면 순간적으로 솜이 더 가볍다고 대답할 수 있습니다. 물론 전제에서 밝힌 대로 두 물질의 질량은 1kg으로 같지만, 이렇게 착각한 이유는 무의식적으로 두 물질이 같은 부피라고 가정했기 때문입니다. 부피가 같은 솜과 철을 비교했을 때는 솜이 철보다 가볍습니다. 이렇게 같은 부피를 차지하는 물체의 질량을 비교한 값, 즉 질량을 부피로 나눈 값을 **밀도**density 라고 하는데, 같은 부피라도 밀도가 높을수록 무겁습니다.

다시 주제의 질문으로 돌아가 공기 대신 물을 예시로 들어 보겠습니다. 물을 채운 수조에 골프공을 넣으면 가라앉지만 탁구공은 물 위로 떠오릅니다. 골프공이 가라앉는 이유는 물이 골프공을 떠받치는 힘보다 지구가 골프공을 아래로 당기는 힘이 더 크기 때문입니다. 반대로 탁구공이 뜨는 이유는 물이 탁구공을 떠받치는 힘

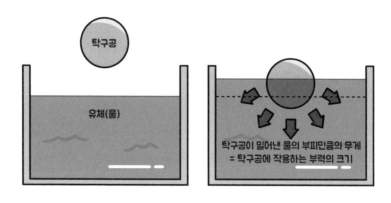

이 지구가 탁구공을 당기는 힘보다 더 크기 때문입니다. 이때 물이 위로 떠받치는 힘은 **부력**buoyancy, 지구가 아래로 당기는 힘은 **중력**gravity 이라고 합니다. 더 정확히 말하자면 부력은 유체(기체와 액체) 속에 있는 물체의 부피, 즉 '물체가 밀어낸 유체의 부피'에 해당하는 유체의 무게입니다. 물체가 떠오르려면 물체에 작용하는 부력이 중력보다 커야 합니다. 부력은 물체의 밀도가 유체의 밀도보다 작을 때 커지며, 이는 유체인 공기 중에서도 마찬가지입니다. 즉 풍선의 부피에 해당하는 공기의 무게만큼 부력이 작용하는데, 이 부력이 풍선에 작용하는 중력의 크기보다 크다면, 다시 말해 풍선의 밀도가 공기의 밀도보다 작다면 풍선은 하늘로 떠오를 수 있습니다.

아보가드로 법칙 Avogadro's law 에 따르면 모든 기체는 같은 온도, 같은 압력이라면 같은 부피 속에 같은 개수의 입자를 갖습니다. 즉 온도, 압력, 부피가 같다면 그 속에 있는 입자의 개수는 동일합니다. 그러니 헬륨 풍선이든 입으로 분 풍선이든 공기주입기로 부풀린 풍선이든, 동일한 온도와 압력하에서 풍선의 부피가 같다면 각 풍선에 들어 있는 입자의 개수도 같습니다. 다만 들어 있는 것이 헬륨 원자인지, 이산화탄소 분자인지 종류의 차이가 있을 뿐입니다. 가로, 세로, 높이가 각각 1m인 1㎥ 공간에 들어 있는 공기의 질량과 헬륨의 질량을 비교하면 공기의 질량이 더 큽니다. 즉 헬륨은 공기보다 밀도가 작으므로 중력보다 부력이 큰 헬륨 풍선은 공중으로 뜹니다. 반면 같은 조건에서 비교했을 때 이산화탄소는 공기보다 밀도가 크며, 그렇기에 입으로 분 풍선은 부력보다 중력이 커서 아래로 가라앉습니다.

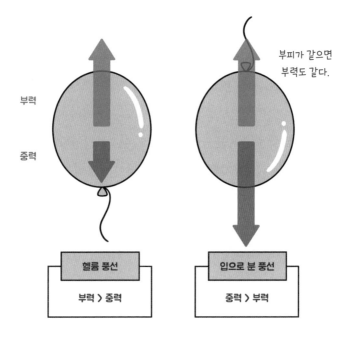

풍선에 다른 기체를 채워도 될까?

한때 헬륨 가격 상승으로 헬륨 대신 수소 기체를 넣은 풍선이 판매되며 문제가 된 적이 있습니다. 수소는 헬륨보다 가벼운 데다 가격도 저렴해서 비싼 헬륨 기체의 저렴한 대용품으로 사용된 것입니다. 하지만 수소 기체는 인화성이 강해 작은 불씨라도 만나면 폭발하며, 그 폭발력이 매우 강합니다. 그래서 풍선이나 비행선, 애드벌룬 등에는 반응성이 적은 비활성 기체인 헬륨 기체가 사용됩니다.

11

어둠의 속도는
어떻게 잴까?

 우리는 빛으로 둘러싸인 세상에서 생활하고 있습니다. 스스로 빛을 내는 **광원**光源에서 나온 빛과, 이 빛이 물체에 부딪혀 반사되어 나온 빛으로 이루어진 세상입니다. 편의상 태양이 떠 있는 밝은 시간대를 낮, 태양이 진 어두운 시간대를 밤이라고 부르지만, 해가 진 이후에도 태양 빛의 일부를 반사하는 달빛이 존재합니다. 그래서 사진을 현상할 때나 정밀한 과학 실험을 할 때는 외부로부터 빛이 들어오지 못하도록 꾸며 놓은 방인 암실에서 진행합니다. 여기서 주제의 의문이 생깁니다. 암실에서 전구 등의 인공광원으로 불을 밝히고 있다가 끄면 어둠이 찾아올 텐데, 이때 어둠이 오는 속도를 잴 수 있지 않을까요?

 물체를 보기 위해서는 시각기관인 눈과 빛이 필요합니다. 밝은 곳에서도 눈을 감으면 눈꺼풀이 빛을 차단하여 어두운 상태가 됩니다. 다시 눈을 뜨면 빛이 눈으로 들어와 밝은 상태가 되고, 눈을 뜸과 거의 동시에 볼 수 있게 됩니다. 이는 진공에서 1초 동안 약 30만 km를 이동할 수 있는 빛이 아주 빠른 속도로 우리의 눈으로 들어온 것입니다. 이 속도가 어둠이 사라지는 속도, 그리고 어둠이 나타나는 속도라고 할 수 있습니다. 그렇다면 빛의 속도는 어떻게 알게 되었을까요?

50m 달리기를 할 때 결승점에 빨리 도달할수록 우리는 속도가 빠르다고 말합니다. 이때 속도는 이동한 거리인 50m를 걸린 시간으로 나누면 됩니다. 그렇다면 단순하게 주변 매질의 특성을 고려하지 않는 상황일 경우 일정 거리를 빛이 이동할 때 걸린 시간을 측정한 뒤 나누면 빛의 속도를 구할 수 있을 것입니다.

이탈리아의 과학자 갈릴레오 갈릴레이Galileo Galilei도 같은 생각을 했습니다. 갈릴레오는 조수와 함께 멀리 떨어져 있는 두 언덕에 랜

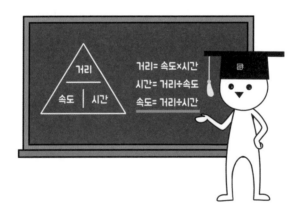

턴을 하나씩 들고 각각 올라갔습니다. 한 사람이 랜턴의 덮개를 열고 반대편 언덕을 향해 불을 비추고, 그 불빛이 반대편 언덕에 있는 다른 사람에게 도달할 때까지의 시간을 측정하기 위해서였습니다. 갈릴레오는 두 언덕 사이의 거리를 측정된 시간으로 나누면 빛의 속도를 잴 수 있을 것이라고 예상했습니다. 그러나 이 실험은 실패하고 말았습니다. 랜턴의 덮개를 열고 반대편에서 보일 때까지 걸리는 시간이 너무 짧아서, 다시 말해 빛이 너무 빨라서 당시 기술로는 측정할 수 없었던 것입니다.

보다시피 빛의 속도는 워낙 빨라서 아주 먼 거리를 이동해 온 빛의 시간을 이용해야만 측정할 수 있습니다. 그래서 덴마크의 천문학자 올레 뢰머Ole Rømer는 목성의 위성을 관찰하는 천문학적인 방법을 사용하여 빛의 속도를 처음으로 측정하였습니다.

이오Io는 목성의 위성 중 가장 안쪽을 돌고 있는 위성입니다. 목성

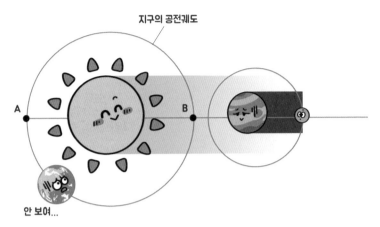

지구의 공전궤도

A · B

안 보여...

이오가 목성의 그림자로 들어가면 식이 관측된다.

의 그림자에 의해 태양 빛이 이오에 도달하지 못하는 때가 있는데, 이것을 **식**蝕이라고 부릅니다. 뢰머는 이오가 목성의 그림자로 들어가 사라진 때와 목성의 그림자에서 나와 보이는 때를 기록하여 식이 나타난 시간을 측정하였습니다. 단순하게 보면 위의 그림에서 지구가 A 위치에 있을 때 식을 관찰한 시간보다 B 위치에 있을 때 식을 관찰한 시간이 더 짧게 측정됩니다. 빛이 A-B 사이의 거리만큼 더 이동해야 지구에 있는 관측자에게 도달하기 때문입니다. 이때 A-B 사이의 거리는 지구 **공전궤도의 지름**입니다. 뢰머는 지구 공전궤도 지름의 길이를, 지구가 A 위치에 있을 때의 식 관측 시간과 B 위치에 있을 때의 식 관측 시간의 차인 약 22분으로 나누어 빛의 속도가 초속 21만 2000km라고 추정하였습니다. 물론 당시에는 지구 공전궤도 지름의 길이가 정확히 알려지지 않아서 이 값은 오늘

날 알고 있는 빛의 속도와는 큰 차이가 있습니다.

이후 여러 과학자가 빛의 속도를 측정하는 방법을 고안해 냈고, 실험의 정확도가 올라가며 빛의 속도도 갱신되었습니다. 1983년에 개최된 제17회 국제 도량형 총회CGPM, General Conference on Weights and Measures에서는 1m를 '빛이 진공에서 1/2억 9979만 2458초 동안 움직인 거리'로 정의함으로써 진공에서의 빛의 속도는 2억 9979만 2458m/s가 되었습니다.

12

1분은 60초인데
1초는 어떻게 정할까?

지구는 끊임없이 자전하고 있지만 지구 위에 사는 우리에게는 매일 태양이 떴다 지는 것처럼 보입니다. 인류는 정오에 머리 위에 있던 태양이 다음 날 정오에 다시 내 머리 위로 오기까지의 시간을 하루라고 부르며, 하루를 24시간으로, 1시간을 60분으로, 1분을 60초로 나누어 시간을 나타냅니다. 이렇게 태양을 기준으로 정한 시법을 **태양시**太陽時라고 하는데, 태양시로 측정한 시각은 하늘을 관측하는 사람의 위치에 따라 달라집니다. 그래서 1935년 국제회의를 통해 영국 그리니치천문대를 통과하는 자오선에서 측정한 시간을 평균태양시로 정하고 이를 기준으로 세계 공통의 시간인 **세계시**世界時를 제정했습니다.

하지만 태양시는 완벽하지 않습니다. 지구의 자전 속도가 일정하다면 하루의 간격도 일정하겠지만 지구의 실제 자전 속도는 여러 요인의 영향으로 일정하지 않기 때문입니다. 그래서 과학자들은 1초를 세슘Cesium 원자시계의 진동으로 정의하는 방법을 고안해 냈고, 원자시계로 정한 시법을 **원자시**原子時라고 했습니다.

세슘원자시계에 관해 좀 더 알아보겠습니다. 원자는 가운데에 무거운 핵이 있고 가벼운 전자가 그 주위를 돌고 있는 구조입니다. 각 전자는 저마다 특정 궤도를 돌고 있는데, 에너지를 흡수하면 핵에서 멀어져 더 높은 위치의 궤도로 이동할 수 있습니다. 이때 전자의 위치, 즉 전자가 가지는 에너지 값을 **에너지준위**energy level라고 합니다. 전자가 위치 이동하기 위해서는 에너지준위의 차이 값에 해당

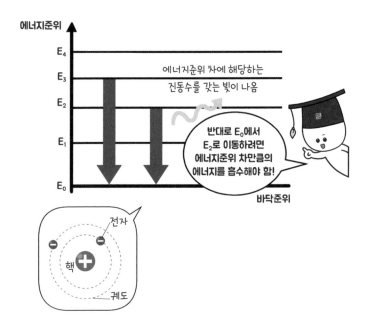

에너지준위

E_4

E_3

E_2

E_1

E_0

에너지준위 차에 해당하는
진동수를 갖는 빛이 나옴

반대로 E_0에서
E_2로 이동하려면
에너지준위 차만큼의
에너지를 흡수해야 함!

바닥준위

전자

핵

궤도

하는 에너지의 출입이 있어야 하며, 전자가 에너지를 흡수할 때는 일정한 진동이 발생합니다. 이때 전자의 이동이 가장 잘 일어나게 하는 특정 진동수를 갖는 전자기파를 고정해 전자가 에너지준위 사이를 강제적으로 이동하게 하면 규칙적으로 진동하는 원자시계를 만들 수 있습니다. 이렇게 만들어진 세슘원자시계는 기압과 온도의 영향을 받지 않고 1초당 91억 9263만 1770번을 규칙적으로 진동합니다. 참고로 1초 동안 진동한 횟수를 진동수, 혹은 주파수라고 부르는데, 진동수가 큰 전자기파일수록 높은 에너지를 가집니다.

국제적으로 세슘 원자가 91억 9263만 1770번 진동하는 데 걸린 시간을 1초로 정의하여 표준시를 정하였습니다. 이때 세슘원자시계의 시간과 세계시의 오차가 0.95초 이상 차이가 나지 않게 1초를 빼거나 더하여 조절하는데, 이를 **윤초**閏秒라고 합니다. 4년마다 돌

세슘원자시계

현존하는 시계 중 가장 정확하다구!

아오는 2월 29일을 윤일이라 부르는 것과 같은 맥락입니다.

요즘에는 시계보다 스마트기기로 시각을 더 많이 확인합니다. 스마트기기에는 기본적으로 GPS Global Positioning System, 위성항법시스템 기능이 탑재되어 GPS로 위치를 잡아 그 위치에 해당하는 표준시로 시각이 설정되는데, GPS 위성에도 원자시계가 들어 있습니다. GPS 수신기에서 정확한 위치를 계산하기 위해서는 여러 GPS 위성에서 읽은 신호가 이용되고, 이때 시각에 차이가 생기면 정확한 위치를 계산할 수 없으므로 정확한 시각을 측정하는 것이 중요합니다. 현재 하늘에는 지표면의 한 지점에서 볼 수 있는 위성이 적어도 네 개 이상 작동하며 GPS 수신기의 계산 정확도를 높이고 있습니다.

시각과 시간은 어떻게 다를까?

일상에서 우리는 '시각'과 '시간'을 잘 구분하지 않고 사용합니다. 하지만 엄밀히 말해 시각時刻은 '어느 특정한 한 시점'을 일컫는 말이며, 시간時間은 시각의 동의어로 상용되기도 하지만 주로 '특정 시각에서 다른 시각 사이의 간격'을 뜻합니다. 시간과 달리 시각은 관측자의 위치가 기준이 되므로, 관측 장소가 달라지면 시각도 달라질 수 있습니다. 가령 서울이 오후 12시(정오)일 때 영국 런던의 시각은 오전 4시이며, 미국 샌프란시스코는 전날 오후 8시입니다.

13

귓속말에선 왜
숨소리가 많이 들릴까?

수업 중이나 회의 중에 옆 사람과 귓속말을 나눌 때에는 평소보다 상대의 숨소리가 더 잘 들립니다. 심지어 말소리보다 숨소리가 더 크게 들려 말을 알아듣기 어려울 때도 있습니다. 단순히 상대와의 거리가 평소보다 가까워서 숨소리가 잘 들리는 거라고 생각할 수도 있지만, 가까운 거리에서 대화 없이 있을 때는 귓속말을 할 때만큼 상대의 숨소리가 잘 들리지 않습니다. 왜 유독 귓속말을 할 때 숨소리가 많이 들릴까요?

주제의 질문을 해결하기 위해선 우선 우리가 목소리를 내는 방식을 알아야 합니다. 목소리는 호흡으로 드나드는 공기가 좁아진 후두의 성대를 진동시키며 만들어집니다. **후두**는 기도 입구에 위치한 특수한 기관으로, 음식물을 섭취할 때 음식이 기도로 들어가지 않

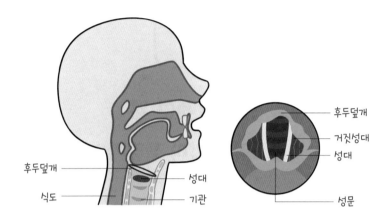

후두덮개

거짓성대

성대

성문

후두덮개

식도

성대

기관

게 차단하는 덮개를 가지고 있습니다. 우리는 코로만 호흡하는 것이 아니라 입으로도 호흡하는데, 입으로 호흡할 때 후두덮개가 열리며 공기가 드나듭니다. 후두덮개 아래에는 가성대라고도 불렸던 **거짓성대**와 **성대**가 순서대로 위치합니다. 성대 사이의 빈 공간을 성문이라고 하고, 성문의 크기는 성대의 움직임으로 결정됩니다.

목소리를 낼 때 우리는 성대를 이루는 근육의 힘으로 성대를 닫습니다. 닫힌 성대 아래쪽의 공기가 성대에 의해 막히면 공기의 압력이 커지는데, 이 압력의 미는 힘으로 성대는 다시 열리게 되고, 열린 성대 사이로 공기가 지나가면 **베르누이 효과**가 발생합니다. 스위스의 수학자이자 과학자인 다니엘 베르누이 Daniel Bernoulli가 확립한 베르누이 효과는 유체의 속도가 증가하면 압력이 감소한다는 법칙입니다. 즉 성문으로 빠르게 공기가 흐르면 성대 사이 압력이 낮아지며 열렸던 성대가 순간 다시 닫히게 됩니다. 나란히 매달아 놓은

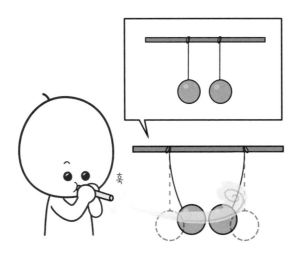

두 탁구공 사이로 공기를 불어넣으면 탁구공 두 개가 벌어지는 것이 아니라 가운데로 모이는 것과 같은 맥락입니다. 이때 성대의 탄성에 의해 성대의 닫힌 모양은 처음과 같아지고, 이러한 과정이 반복되어 성대가 진동하면서 우리는 목소리를 냅니다.

참고로 성문이 닫힌 정도에 따라 소리가 다르게 들립니다. 평소 우리가 그냥 말할 때를 **진성** modal voice 상태라고 하는데, 진성 상태에서는 가볍게 다물어진 성대와 성대를 이루는 근육, 인대, 점막 들이 유동적으로 움직여 진동합니다. 높은 소리를 내는 **가성** falsetto 상태에서의 성대는 살짝 벌어져 있으며 성대 가장자리의 점막만 진동하는 모습을 보입니다. 점막의 진동이 빠를수록 진동수가 커지고 고음을 낼 수 있습니다.

그렇다면 귓속말에는 왜 평소보다 숨소리가 많이 들릴까요? 귓속말을 할 때는 성대가 완전히 닫히지 않고 성문의 일부가 열려 있습니다. 성대가 진동하는 높이, 즉 진폭이 클수록 큰 소리가 나는데, 성대에 의해 일부 성문이 닫힌 상태에서는 성대가 진동하는 폭도 짧아집니다. 그래서 작은 소리가 만들어지며, 이 작은 소리가 열려 있는 성문을 지나는 공기 소리와 합쳐지면서 숨소리가 크게 들리게 되는 것입니다.

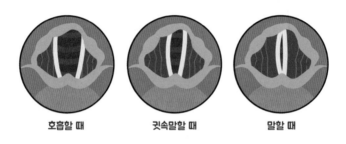

| 호흡할 때 | 귓속말할 때 | 말할 때 |

사람마다 목소리가 다른 이유는?

소리의 3요소는 세기, 높이, 음색입니다. 이 중 소리의 세기는 성대의 진폭과 관련이 있으며, 소리의 높이는 성대의 진동수와 관련이 있습니다. 진폭이 클수록 소리가 커지며 진동수가 많을수록 고음이 납니다. 그렇다면 개개인의 고유한 목소리를 뜻하는 음색은 어떻게 결정될까요? 음색은 조음기관의 모양과 움직임, 드나드는 공기의 양 등이 복합적으로 작용해 결정됩니다. 사람마다 입과 코, 성대 등 소리를 만드는 기관의 모습과 움직임, 들숨과 날숨의 양 등이 다르기에 음색도 다른 것입니다.

14

라테아트는 어떻게
모양이 유지될까?

카페에 따라 다르지만 일부 카페에서는 우유가 들어간 커피를 주문하면 커피 위에 라테아트를 그려 주기도 합니다. 홈 카페의 유행으로 집에서 커피를 즐기는 사람도 많아졌지만, 가정에서 라테아트를 만들기는 쉽지 않습니다. 여기서 주제의 의문이 생깁니다. 매장에서 만드는 라테아트는 어떻게 모양이 유지될까요?

라테아트를 하기 위해선 우선 적당한 양의 우유 거품을 만들어야합니다. 차가운 우유에 뜨거운 수증기를 넣어 미세한 거품을 만드는 과정을 **스티밍**steaming이라고 합니다. 시중에서는 지방의 양에 따라 우유를 일반 우유, 저지방 우유, 무지방 우유로 구분하는데, 스티밍하는 시간과 온도는 우유의 종류에 따라 다릅니다. 이때 저지방 우유와 무지방 우유는 일반 우유보다 거품이 잘 유지되지 않는다는 사실에서 질문의 힌트를 얻을 수 있습니다.

우유 지방은 방울 형태를 가지며, 인지질과 단백질로 감싸여 있습니다. 차가운 우유 단백질에 뜨거운 수증기를 넣으면 거품이 잘 형성되는데, 수증기가 우유 지방 속으로 들어가 안정적인 거품을 형성하기 때문입니다. 거품은 물과 상호작용하지 않는 소수성疏水性 분자로 이루어져 있습니다. 그런데 우유 단백질은 물과 쉽게 섞이는 친수성親水性 부분과 소수성 부분을 함께 가지고 있어 거품의 형태를 유지하는 데에 도움이 됩니다. 소수성 부분이 거품을 만드는 공기를 붙잡고 친수성 부분이 우유를 구성하는 물과 결합하여 안정적인 구조를 형성하는 것입니다.

우유와 섞이기 전 커피에도 거품처럼 보이는 것이 있습니다. 바로 크레마crema입니다. 에스프레소 커피를 추출할 때 나오는 커피색 거품을 일컫는 크레마는 원두의 지방, 탄수화물, 단백질 성분이 결합되어 나타납니다. 우유와 마찬가지로 원두 단백질은 지방을 둘러싸

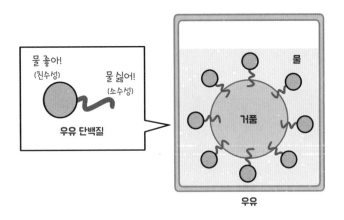

고 있는데, 원두에서 추출된 지방은 물보다 가볍습니다. 그래서 커피 지방은 위로 떠오르며, 지방을 둘러싼 채 피막을 형성한 단백질이 거품을 형성하게 됩니다. 원두에서 추출된 지방이 많을수록 크레마가 많이 생깁니다.

그런데 우유 거품에는 크레마와 다른 특성이 있습니다. 우유 거품은 거품이 생기면서 점도도 함께 증가합니다. 단백질이 변성되면서 단백질 사이의 결합력이 증가한 것으로, 이로 인해 우유 거품은 점성과 탄성의 특성을 동시에 갖는 **점탄성** 粘彈性을 가집니다. **점성** 粘性은 서로 붙어 있는 부분이 떨어지지 않으려는 성질, 또는 모습이 변화할 때 나타나는 저항입니다. **탄성** 彈性이 외부의 힘에 의해 변형된 물체가 외부의 힘이 없어졌을 때 원래 모습으로 되돌아가려는 성질인 것을 생각해 보면 두 의미는 비슷하다고 볼 수 있지만, 차이가 있다면 점성은 액체나 기체처럼 변형이 쉽고 자유롭게 흐르는 유체에서 나타나는 성질이고, 탄성은 고체에서 나타나는 성질입니다.

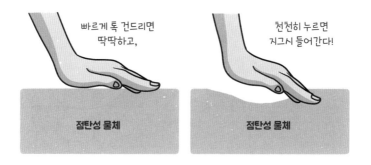

고체와 액체의 성질을 모두 가지는 점탄성 물체

어쨌든 이렇게 스티밍한 우유를 에스프레소에 넣으면 커피와 잘 섞이지 않아 라테아트를 만들 수 있습니다. 그러나 시간이 지나면 라테아트의 모습이 변형되기 시작하는데, 우유의 미세 거품에 중력이 작용하기 때문입니다. 거품을 이루고 있는 미세기포의 표면을 중력이 아래로 끌어내려 기포의 벽이 점점 얇아지고, 미세기포끼리 합쳐지며 더 큰 기포가 만들어지며 미세기포의 수가 줄어들게 됩니다. 오래된 거품들은 우유보다 공기를 더 많이 포함하고 있어 맛과 질감이 떨어진다고 하니, 커피를 맛있게 마시려면 우유 거품이 사그라들기 전에 마시는 것이 좋습니다.

다양하게 즐기는 커피

에스프레소는 고압 상태에서 뜨거운 물로 미세하게 분쇄한 원두를 추출해서 만드는 고농축 커피입니다. 에스프레소를 베이스로 해서, 무엇을 넣느냐에 따라서 다양한 종류의 커피가 완성됩니다. 커피의 종류를 정확히 알면 내 취향에 맞는 커피를 마실 수 있습니다.

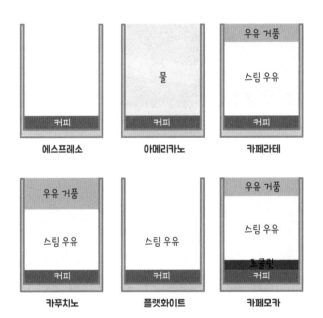

15

휴대폰이 오래되면
왜 배터리가 빨리 닳을까?

　스마트폰에 내장된 배터리는 대부분 리튬이온배터리나 리튬이온 폴리머배터리입니다. 이들은 보통 500회에서 1000회 정도 충전하면 배터리 용량이 70% 정도 줄어듭니다. 2년 정도 사용하면 완전충전 후 사용할 수 있는 시간이 점점 줄어드는 것입니다. 왜 휴대폰을 오래 사용할수록 배터리가 빨리 닳을까요?

　주제에 답하기 위해선 배터리의 작동 원리를 알아야 합니다. 우리가 평소 많이 사용하는 원통형 건전지는 가운데에 작은 원통이 튀어나온 부분이 +극, 평평하게 생긴 곳이 −극으로 양 끝의 모양이 다릅니다. +극은 전기적 위치에너지인 **전위**가 높고 −극은 전위가 낮아 두 극 사이에 전위차가 생기는데, 이 차이를 **전압**이라고 합니다. 물레방아를 돌릴 때 우선 펌프로 물을 끌어올려 중력에 의한 위치

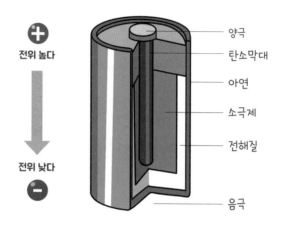

전위 높다

전위 낮다

양극
탄소막대
아연
소극제
전해질
음극

건전지의 내부 구조

에너지를 만든 뒤 물을 떨어뜨리는 힘을 이용해 물레방아를 돌리는 것처럼, 전류가 흐르려면 양극에 전위차가 생겨야 합니다. 즉 전기적 위치에너지에 차이를 만들어 전류를 흐르게 하는 것이 바로 전압입니다.

휴대폰에 내장된 배터리 역시 전압에 의해 리튬이온이 +극과 -극 사이를 이동함으로써 작동됩니다. 이때 리튬이온배터리와 리튬이온폴리머배터리의 차이는 리튬이온이 이동하는 통로인 전해질의 종류에 있습니다. 리튬이온배터리는 액체 상태의 전해질인 전해액을 사용하고, 리튬이온폴리머배터리는 말랑말랑한 젤 형태의 폴리머 전해질을 사용합니다.

세계 최초의 배터리도 같은 원리로 제작되었는데, 이 배터리는 묽은황산 전해질용액에 구리판과 아연판을 세워 만들었습니다. 이때

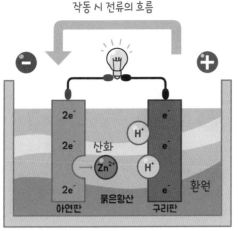

작동 시 전류의 흐름

2e⁻

2e⁻　산화

2e⁻

아연판　　묽은황산　　구리판

e⁻

e⁻

H⁺

H⁺

e⁻　환원

Zn²⁺

전위가 높은 구리판이 +극, 전위가 낮은 아연판이 −극이 됩니다. 구리판과 아연판을 도선으로 연결하면 아연판에서 구리판 쪽으로 음전하가 이동하며 구리판에서 아연판 쪽으로 전류가 흐릅니다. 참고로 과일의 과즙도 묽은황산과 같은 전해질 역할을 하므로 자몽, 레몬, 오렌지 같은 과일에 구리판과 아연판을 꽂아 전구를 연결하면 전구에 불을 켤 수 있습니다. 그런데 시간이 지나면 구리판에 수소 기체가 달라붙어 더 이상 반응을 하지 않게 되는 분극 현상이 발생하며, 전류의 흐름 역시 멈추게 됩니다.

휴대폰이 오래될수록 배터리의 수명이 줄어드는 이유도 바로 분극 현상 때문입니다. 스마트폰을 사용하면 -극에 있던 리튬이온이 +극으로 이동하는데, 이 과정을 방전이라고 합니다. 반대로 리튬이온을 +극에서 -극으로 보내는 과정을 충전이라고 합니다. 충전과

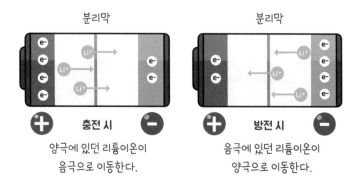

분리막

충전 시

양극에 있던 리튬이온이
음극으로 이동한다.

방전 시

음극에 있던 리튬이온이
양극으로 이동한다.

방전이 반복되면 분극 현상에 의해 리튬이온을 +극에서 -극으로 보내는 성능이 점점 떨어지게 되므로 충전을 최대로 해도 사용할 수 있는 전기에너지 양이 점점 줄어드는 것입니다.

배터리의 성능은 배터리 내 전기에너지의 저장과 방출을 가능하게 하는 원료인 양극재에 따라 달라집니다. 수명뿐 아니라 가격과 안정성 등을 모두 고려해 양극재를 선택하는 것이 중요합니다. 저렴하고 안정성이 뛰어나며 성능이 우수하고 작고 가벼운 배터리를 제작하려는 노력은 지금도 계속되고 있습니다.

핸드폰을 오래 쓰면 왜 뜨거워질까

오래 사용하면 기계가 뜨거워지는 현상은 핸드폰뿐 아니라 전자제품 대부분에서 공통적으로 나타납니다. 전류는 음전하를 띠고 있는 자유전자의 흐름으로 전류가 흐를 때 자유전자들은 일제히 한 방향으로 이동합니다. 이때 자유전자들이 도선을 이루고 있는 원자들과 충돌하면서 충돌로 인한 마찰열이 발생합니다. 물론 다른 요인도 생각해 볼 수 있겠지만, 일반적으로 핸드폰을 오래 사용할수록 뜨거워지는 이유는 자유전자가 원자와 충돌하는 횟수도 늘어나고 발생하는 열도 많아지기 때문입니다.

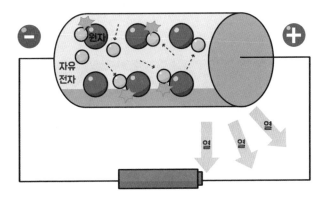

16

고데기 온도는
어떻게 조절될까?

집게처럼 생긴 기구 고데기는 머리카락을 열로 데워서 머리 모양을 다듬는 데 사용되는 전자제품입니다. 고데기라는 이름은 인두를 뜻하는 일본어 '고테(こて)'에 '그런 기능을 하는 기계 장비'의 뜻을 더하는 접미사 '-기'가 결합하여 만들어졌습니다. 순화하면 '머리인두' '지짐 머리' 등으로 표현할 수 있는데, 여기서 인두란 열을 가해 옷의 주름을 잡거나 펼 때 사용되는 일종의 다리미를 뜻합니다.

전기가 없던 시절에는 한복의 동정 깃이나 소맷부리 등 세밀한 부분을 다릴 때 숯을 담은 화로에 인두를 푹 꽂아 적당히 달구어 사용했습니다. 과거에는 인두질하는 사람이 온전히 자신의 감각으로 온도를 가늠해 다림질을 했다면, 오늘날 전기다리미는 설정한 온도를 자동으로 유지해 줘서 빠르고 편리하게 옷을 다릴 수 있습니다.

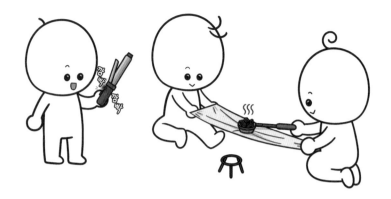

우리가 머리 모양을 만들 때 사용하는 고데기에도 온도조절장치가 있어 자동으로 설정 온도를 유지해 줍니다. 여기서 주제의 의문이 생깁니다. 다리미나 고데기처럼 온도와 관련된 전자제품들의 온도는 어떻게 조절될까요?

고데기를 사용하는 방식은 다음과 같습니다. 우선 고데기를 콘센트에 연결한 뒤 온도조절기로 원하는 온도를 설정합니다. 잠시 기다리면 고데기가 서서히 달궈지기 시작하고, 설정한 온도 구간에 도달하면 고데기 램프에 불이 들어와 이를 알립니다. 적절히 달궈진 고데기로 머리를 만지는 동안 고데기에서는 딸깍딸깍 소리가 나며 램프에 불이 켜졌다 꺼졌다가 반복됩니다. 전기가 들어왔다 나갔다를 반복하며 고데기를 달구고 식히며 처음 설정한 온도로 조절되고 있는 것입니다. 이렇게 온도조절 기능을 하는 것이 바로 바이메탈입니다.

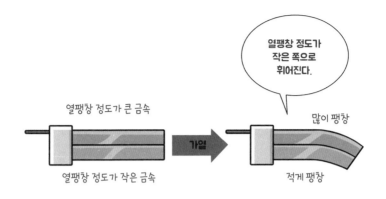

바이메탈의 원리

　바이메탈bimetal은 둘을 의미하는 접두사 '바이bi-'와 금속을 뜻하는 명사 '메탈metal'이 합쳐진 단어입니다. 금속은 온도가 올라가면 부피가 커지는 성질이 있고 이를 **열팽창**thermal expansion이라고 합니다. 이때 금속 종류에 따라 열팽창하는 정도가 다른데, 이러한 특징을 이용해 열팽창계수가 서로 다른 금속을 붙여서 만든 것이 바로 바이메탈입니다. 온도에 따라 늘어나는 정도가 다른 두 금속을 붙여 놓으면 온도가 올라갔을 때 전체적인 형태가 덜 늘어나는 금속 쪽으로 구부러집니다. 이때 온도가 다시 내려가면 구부러졌던 바이메탈은 원래 모양으로 되돌아옵니다.

　고데기는 바이메탈을 이용해 내부 전기회로를 연결했다 끊었다를 반복하며 온도를 조절합니다. 고데기에 전류가 흐르면 열이 발생하여 온도가 올라가는데, 회로의 바이메탈이 이 열로 인해 휘어지면 회로의 연결이 끊기고 온도가 다시 내려갑니다. 반대로 온도가 내려가 휘어졌던 바이메탈이 다시 원래 모습으로 돌아오면서 회로가 다시 연결됩니다. 고데기에서 나는 딸깍딸깍 소리는 바로 바이메탈이 붙거나 떨어지는 소리입니다.

이런 성질 덕분에 바이메탈은 고데기나 다리미 외에도 전기주전자, 전기난로, 전기밥솥 등 온도조절이 필요한 전열 기구에 두루 사용되고 있으며, 자동개폐기, 화재경보기, 바이메탈온도계 등에도 두루 사용됩니다.

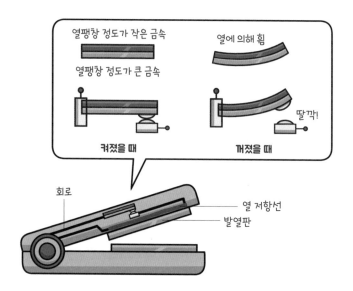

PTC Positive Temperature Coefficient 히터란?

고데기를 검색하고 상세 설명 페이지를 보면 PTC히터라는 단어를 자주 볼 수 있습니다. PTC히터는 요즘 전열기에 많이 이용되고 있는 가열 방식입니다. 일반적인 전기제품은 내부 회로를 이루고 있는 전선의 전기저항이 일정합니다. 반면 PTC히터는 온도가 올라감에 따라 전선의 전기저항이 커지는 소재를 사용해, 특정 온도에 도달하면 전류가 흐르지 않게 됩니다. 고온에서 작동되지 않으므로 저항이 일정한 히터보다 더 안전합니다.

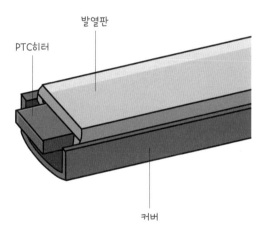

발열판

PTC히터

커버

3부

보면 볼수록 빠져드는
화학 호기심

17

왜 어떤 단풍은 빨갛고
어떤 단풍은 노랄까?

   프랑스 작가 알베르 카뮈가 가을을 "모든 잎이 꽃인 두 번째 봄"
이라고 표현한 것처럼 가을에 기온이 서늘해지면 나뭇잎에 울긋불
긋 단풍이 듭니다. 그런데 여름에는 똑같이 초록색이던 나뭇잎에
단풍이 들면 어떤 것은 노랗게 변하고, 어떤 것은 빨갛게 변합니다.
무슨 차이가 있는 걸까요?

   평소 나뭇잎이 초록색으로 보이는 이유는 식물 세포 안에 존재하
는 **엽록체**chloroplast 때문입니다. 식물은 광합성을 통해 스스로 양분
을 만드는데, 엽록체는 식물이 햇빛을 받아 광합성을 하여 포도당
과 산소를 합성하는 장소입니다. 엽록체 속에는 태양에너지를 화학
에너지로 전환하는 **엽록소**chlorophyll 가 다량 들어 있고, 이 엽록소가
녹색 파장을 반사하고 다른 파장의 빛은 흡수하므로 평상시 식물의

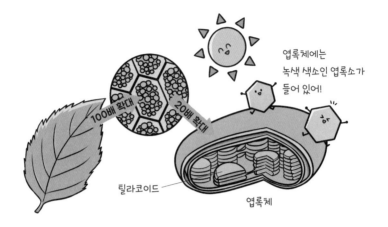

엽록체에는
녹색 색소인 엽록소가
들어 있어!

100배 확대

20배 확대

틸라코이드

엽록체

잎은 초록색으로 보입니다.

　그러다 가을이 깊어져서 낮이 짧아지고 기온이 서늘해지면 나무는 겨울을 나기 위해 양분을 뿌리로 더 많이 보내 저장합니다. 이로 인해 나뭇잎으로 가는 양분이 줄어들면서 나뭇잎에 있던 엽록소가 분해되고, 엽록소 생성량이 줄어들면서 잎의 초록빛도 점차 사라집니다. 이때 식물세포의 액포에는 엽록소 외에도 크산토필, 카로틴, 안토시아닌 같은 다른 색소들이 저장되어 있는데, 엽록소의 초록빛이 사라지면 그동안 엽록소 때문에 보이지 않던 다른 색소의 색이 나타나기 시작하며 나뭇잎의 색깔이 변화합니다.

　변화한 나뭇잎의 색이 노란색, 주황색, 빨간색으로 다양한 이유는 각 나뭇잎에 작용하는 주요 색소가 다르기 때문입니다. 은행나무나 백양나무처럼 노란 단풍이 드는 나뭇잎에는 **크산토필**xanthophyll이 작용합니다. 크산토필은 카르티노이드 색소 계열 중 노란색을 띠는 색소로, 가장 대표적인 크산토필에는 계란 노른자에 들어 있는 루테인lutein이 있습니다. 그리고 사탕단풍 같은 주황색 단풍에는 **카로틴**carotene이라는 색소가 작용합니다. 카로틴도 크산토필과 마찬가지로 카르티노이드 계열인데, 카로틴 중 하나인 베타카로틴은 나뭇잎에 존재하는 카르티노이드 중 흔한 색소입니다. 당근, 오렌지 등에도 들어 있는 카로틴은 태양으로부터 노란빛과 빨간빛을 반사해 나뭇잎이 주황색으로 보이게 합니다. 마지막으로 당단풍이나 떡갈나무 등에서 붉은색 단풍이 나타나는 이유는 빨간 장미, 비트, 포도 등 붉은 식물에 들어 있는 색소인 **안토시아닌**anthocyanin이 작용했기 때문입니다.

노란 색소 크산토필과 주황 색소 카로틴은 엽록소의 광합성을 돕는 보조색소로, 이른 봄의 어린 나뭇잎에서도 생성됩니다. 다만 봄

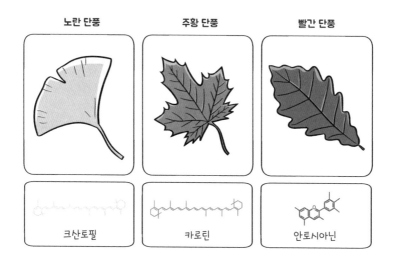

노란 단풍	주황 단풍	빨간 단풍
크산토필	카로틴	안토시아닌

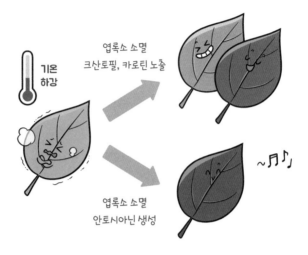

과 여름에는 엽록소의 초록색에 가려져 보이지 않다가 가을에 엽록소가 점점 사라지면 그 빛을 나타냅니다. 반면 붉은색 색소인 안토시아닌은 가을이 되어 엽록소가 분해되면 엄청난 양이 새로 생성됩니다. 엽록소의 감소 속도는 빠른 편이고 상대적으로 카로틴, 크산토필의 분해 속도는 느리며, 안토시아닌은 새로 만들어지므로, 다양한 색소 성분이 시차를 두고 복합적으로 작용하면서 단풍의 색이 다르게 만들어집니다.

참고로 단풍의 색깔은 색소들이 저장되어 있는 액포에 당분이 많을수록 훨씬 또렷하고 진하게 나타납니다. 따라서 맑고 청명한 날이 길어서 나뭇잎에 당이 많이 생성되면 단풍이 더욱 선명하고 예쁘게 듭니다. 또한 일교차가 클수록 단풍이 더 붉어지는데, 일교차가 큰 날에는 나뭇잎 바깥으로 당이 잘 이동하지 못해서 잎에 당이

그대로 남아 안토시아닌을 더 많이 생산하기 때문이고, 안토시아닌의 농도가 높아지면 더 빨갛고 짙은 색으로 단풍이 듭니다. 그래서 가을에 청명한 날이 많고 일교차가 클수록 더욱 또렷하고 진한 단풍을 볼 수 있습니다.

18

상한 우유와 치즈는
뭐가 다를까?

　더운 날씨에 우유를 잘못 보관했을 때 우유에서 신 냄새가 나면서 흰색이나 노란색 덩어리가 생긴 것을 경험해 본 적이 있을 겁니다. 상한 우유에 생긴 덩어리는 치즈와 모양이 비슷하지만, 몸에 이로운 치즈와 달리 함부로 먹어선 안 됩니다. 여기서 주제의 의문이 생깁니다. 상한 우유와 치즈는 어떻게 다를까요?

　먼저 액체인 우유가 어떻게 고체로 응고되는지 알아보겠습니다. 우유는 단백질이 풍부한 음식입니다. 단백질은 산성 물질과 효소, 열 등 외부 요인에 의해 화학적 구조가 변함으로써 고유의 성질이 변하는데, 이를 단백질의 변성denaturation이라고 하고, 단백질이 변성되면 액체 상태였던 단백질 성분이 고체 상태로 응고됩니다. 즉 우유에 산이나 효소를 첨가하거나 열을 가하면 우유에 들어 있는 단백질이 응고됩니다.

치즈의 기원에 관해서도 비슷한 이야기가 전해집니다. 기원전 약 2000년에 아라비아 상인들이 새끼 양의 위로 만든 물통에 우유를 넣고 사막을 여행하고 있었습니다. 여행 중 목이 말라 우유를 마시려 했지만 물통에서 우유가 잘 나오지 않았고, 확인해 보니 물통 속 우유가 하얀 덩어리와 물로 변해 있었습니다. 하얀 덩어리를 먹어 보니 맛도 있었고 우유보다 오래 보관할 수도 있었습니다. 송아지나 새끼 염소, 새끼 양 등 초식과 되새김질을 하는 반추동물의 네 번째 위에는 레닛rennet이라는 소화효소가 존재하는데, 물통에 남아 있던 레닛이 우유와 만나 사막의 뜨거운 기후 아래서 치즈로 변한 것입니다.

현대에도 치즈를 제조하는 데 같은 원리가 사용됩니다. 우유에 효소를 넣고 따뜻한 곳에 두면 우유 단백질이 응고된 덩어리인 **커드**curd와 투명한 액체인 **유청**whey이 생깁니다. 커드와 유청을 분리한 후

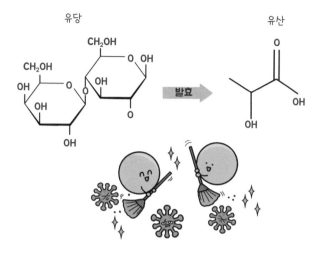

유당 유산 발효

커드를 압착하여 치즈를 만들고, 이것을 신선하게 섭취하거나 숙성하여 이용합니다.

그런데 이 과정에 관여하는 것이 하나 더 있는데, 바로 박테리아입니다. 영양분이 풍부한 우유는 박테리아가 번식하기 좋은 환경입니다. 우유에 번식한 박테리아는 산성 물질을 만들어 내는데, 앞서 설명했듯 우유는 산성 물질에 의해서도 응고됩니다. 즉 효소뿐 아니라 박테리아의 작용에 의해서도 커드가 생기고, 상한 우유와 치즈의 차이점은 이 박테리아의 작용에 있습니다.

우유에 물을 제외하고 가장 많이 들어 있는 성분은 탄수화물 중 하나인 **유당**lactose입니다. 치즈를 만들 때는 유당을 분해하여 **유산**lactic acid이라는 산성 물질을 만들어 내는 발효과정을 거치는데, 이때 작용하는 박테리아가 바로 유산균입니다. 산성 물질인 유산이 생기면 우유의 pH가 점점 낮아지고, 우유 속 단백질이 응고되며 커드가 만들어집니다. 이때 유산은 다른 해로운 박테리아의 번식을 감소시키는 역할을 하여 천연방부제로 작용하므로 치즈는 우유보다 더 오래 보관할 수 있습니다.

그런데 우유의 제조·보관 과정에서 의도치 않은 박테리아가 들어갈 수도 있습니다. 해로운 박테리아가 급격히 증식하면 당과 지질을 분해하여 산성 물질을 만들어 내고, 우유 단백질이 응고하여 덩어리가 만들어지면서 지질의 일부가 고약한 냄새를 내는 물질로 바뀝니다. 우유가 약간만 상했을 때는 시큼한 냄새가 나고, 많이 상하면 고약하고 썩은 냄새가 나는 이유가 바로 이 때문입니다. 미생물의 작용으로 인간에게 이로운 물질이 만들어지는 반응을 **발효**라고 하며, 반대로 해로운 물질이 만들어지는 반응을 **부패**라고 하는데, 상한 우유는 우리 몸에 해로운 박테리아가 급격하게 번식하면서 우유

가 부패한 것입니다.

　정리하자면 치즈와 상한 우유는 모두 박테리아의 활동으로 생성된 산성 물질에 의해 만들어집니다. 다만 치즈는 의도적으로 통제된 환경에서 우리에게 이로운 박테리아에 의한 발효과정을 거친 후 숙성하거나 가공한 식품이고, 상한 우유는 통제할 수 없는 상황에서 우리에게 해로운 박테리아가 작용하며 부패한 물질입니다. 그래서 모양이 비슷해 보여도 화학반응 후 생성된 물질의 성분과 맛, 섭취 시 신체에 미치는 영향이 전혀 다릅니다. 상한 우유를 마시면 배가 아프거나 구토, 설사 등을 할 수 있으므로 버려야 합니다.

19

빵에는 왜 스펀지처럼
구멍이 있을까?

요즘에는 바쁜 아침에 간단하게 빵과 우유로 아침 식사를 하는 사람들이 늘고 있습니다. 그런데 식사용으로 많이 먹는 식빵을 살펴보면 겉 부분에는 질긴 식감을 지닌 갈색 막이 있지만, 안쪽의 부드러운 촉감을 지닌 부분에는 스펀지처럼 작은 구멍들이 송송 뚫려 있습니다. 식빵 안의 구멍들은 어떻게 생긴 걸까요?

이 질문에 답하려면 우선 빵이 만들어지는 과정에 대해 설명해야 합니다. 빵의 주재료는 밀가루입니다. 쌀과 옥수수와 함께 세계 3대 곡물 중 하나인 밀에는 글리아딘gliadin과 글루테인glutein이라는 단백질이 들어 있습니다. 빵을 만들려면 밀가루에 물을 부어 반죽을 만들어야 하는데, 글리아딘과 글루테인 두 단백질이 만나면 **글루텐**gluten이라는 단백질 복합체를 만듭니다. 글루텐은 분자들이 촘촘하

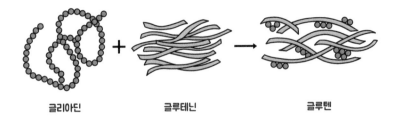

글리아딘   글루테닌   글루텐

게 결합한 일종의 그물구조를 가지고 있어서 글루텐이 많을수록 반죽에 끈기가 많아집니다. 글루텐 함량에 따라 밀가루를 강력분, 중력분, 박력분으로 분류하며, 빵을 만들 때는 글루텐 함량이 가장 높은 강력분을 사용합니다.

다음으로 밀가루 반죽을 오랫동안 반죽하고 치대는 과정을 거칩니다. 반죽을 많이 치댈수록 반죽이 덩어리 모양을 갖추고 점차 쫀득해지는데, 충분히 반죽을 치댔다면 빵 반죽에 힘을 줘서 길게 펼쳤을 때 반죽이 쭉 늘어나고, 힘을 준 방향으로 반죽에 결이 여러 겹이 생깁니다. 그물구조를 지닌 글루텐이 많이 생성된 것인데, 글루텐 덕분에 빵은 쫄깃쫄깃한 식감을 갖게 됩니다.

밀가루 반죽이 완성됐으면 다음으로 반죽에 효모yeast를 넣어 발효과정을 거칩니다. 밀가루의 당분이 발효되면 알코올과 이산화탄소 기체가 만들어집니다. 이 중 알코올은 휘발성이 강해서 빵을 굽는 과정에서 공기 중으로 날아가고, 이 과정에서 빵은 알코올의 독특한 풍미를 갖게 됩니다. 반면 이산화탄소는 빵 반죽에 형성된 끈끈한 그물구조인 글루텐 막 때문에 반죽을 쉽게 빠져나가지 못합니

다. 글루텐 막에 갇힌 이산화탄소 기체는 빵을 부풀게 하는데, 발효가 끝난 빵 반죽은 원래 부피보다 두 배에서 세 배 정도 부풀어 오릅니다. 이때 발효가 많이 진행될수록 반죽 내부에 머무는 이산화탄소 기체가 많아지므로 빵을 구웠을 때 안쪽에 구멍이 많이 생기게 됩니다.

다음으로 발효가 완료된 반죽을 오븐에 굽습니다. 반죽의 온도가 높아지면 이산화탄소 기체의 부피가 팽창하는데, 이로 인해 반죽 내 구멍의 크기가 조금 더 커지게 됩니다. 이후 이산화탄소 기체가 빠져나가며 그 자리가 구멍으로 남게 됩니다. 정리하자면 빵 안에 송송 뚫려 있는 구멍들은 밀가루 반죽의 글루텐 막과 효모의 발효과정에서 생성된 이산화탄소의 합작품이라고 할 수 있습니다. 그래서 글루텐 함량이 높은 강력분을 사용하며, 효모를 이용한 발효

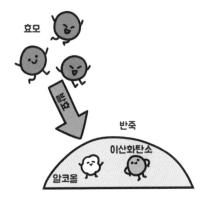

① 효모가 밀가루의 당분을 발효시키며
알코올과 이산화탄소를 생성한다.

② 알코올은 휘발성이 강해서 금방
공기 중으로 날아가고, 이산화탄소
기체는 글루텐 막에 갇혀서 가열하는
동안 부피가 커지며 반죽을 부풀린다.

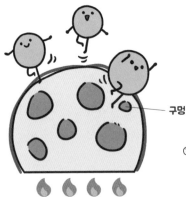

③ 계속 가열하면 이산화탄소 기체가
빠져나가고 그 자리가 구멍으로 남는다.

과정을 거쳐 만든 식빵, 치아바타 같은 빵에는 스펀지처럼 작은 구멍이 많이 있습니다. 빵에 생긴 이 구멍들 덕분에 빵 안쪽은 부드러운 식감을 갖게 되고, 구멍이 없는 겉 부분은 글루텐 막의 끈기로 인해 좀 더 질긴 식감을 갖게 되는 것입니다.

반면 팬케이크같이 효모가 아니라 베이킹파우더를 넣음으로써 발효과정을 거치지 않는 빵도 있습니다. 이런 빵들은 반죽을 만들 때 글루텐 함량이 적은 박력분을 사용하므로 그물구조의 글루텐 막이 적습니다. 그래서 빵을 굽는 과정에서 베이킹파우더가 열분해하여 발생한 이산화탄소 기체가 빵 반죽에 갇히지 않고 쉽게 빠져나갈 수 있습니다. 이들은 이산화탄소 기체 구멍이 빵 안에 유지되지 않고 빵을 굽는 과정에서 금방 구멍이 없어지므로 식빵 같은 발효빵에 비해 구멍이 적습니다.

20

프라이팬은 왜
불에 잘 타지 않을까?

요리를 하거나 음식을 데울 때 우리는 가스레인지나 인덕션 위에 금속으로 만든 냄비나 프라이팬을 올려놓고 사용합니다. 고기나 새우 등을 구울 때는 알루미늄호일을 깔고 굽기도 하는데, 프라이팬을 가열하면 프라이팬 위의 음식은 익어도 프라이팬이나 알루미늄호일은 타지 않습니다. 왜 불에 타지 않을까요?

일상에서 흔히 물질이 '탄다'고 말하는 현상을 화학적으로는 **연소** combustion 반응이라고 부릅니다. 연소는 물질을 가열했을 때 물질이 산소와 급격하게 결합하면서 빛과 열을 내는 현상을 의미합니다. 나무, 옷, 음식 등 우리 주변의 많은 물질은 탄소와 수소를 주성분으로 하는 물질인데, 탄소와 수소로 이루어진 물질에 연소 반응이 일어나면 물과 이산화탄소가 발생합니다. 가령 나무에 불을 붙이면 빛과 열을 내는 연소 반응이 일어나고, 불이 꺼진 후에는 나무는 사라지고 검은 재만 남으며, 반응에서 생성된 이산화탄소와 물(수증기)은 공기 중으로 흩어집니다.

이러한 연소 반응이 일어나기 위해서는 세 가지 조건이 갖추어져야 합니다. 우선 탈 물질이 있어야 하고, 온도가 물질이 연소를 시작하는 최저 온도를 의미하는 발화점ignition point 이상이 되어야 하며, 물질 주위에 산소가 있어야 합니다. 이 세 가지 조건을 **연소의 3요소**라고 합니다. 연소의 3요소 중 한 가지라도 없으면 물질이 타지 않습니다.

그렇다면 프라이팬이나 냄비 같은 금속은 왜 잘 타지 않는 걸까요? 금속 원자는 금속 양이온과 전자로 이루어져 있습니다. 이때 금속 원자에 들어 있는 전자는 금속 양이온 사이를 자유롭게 이동할수 있어서 자유전자라고도 부릅니다. 금속 양이온의 양전하와 전자

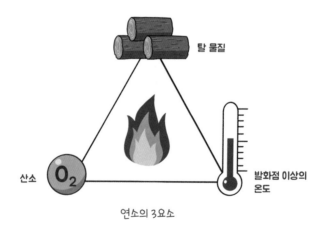

연소의 3요소

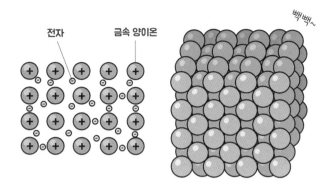

금속 결합 모형

의 음전하 사이엔 인력이 작용해 서로 끌어당기고 있고, 이렇게 인력에 의해 금속 입자가 이웃한 다른 금속 입자와 결합하는 방식을 **금속결합**이라고 합니다. 그리고 전하를 띠고 있는 입자 간에 서로 작용하는 힘을 정전기적 인력 또는 **쿨롱힘**Coulomb force이라고 합니다.

쿨롱힘은 프랑스의 과학자 샤를 오귀스탱 드 쿨롱이 전하를 띠고 있는 입자 간에 작용하는 힘을 설명하기 위해 도입한 개념입니다. 두 입자가 서로 같은 전하를 띤다면 양전하끼리 또는 음전하끼리는 서로 밀어내는 힘인 척력이 발생합니다. 반면에 두 입자가 다른 전하를 띤다면 양전하와 음전하 사이에 서로 끌어당기는 힘인 인력이 발생합니다. 금속은 금속 양이온과 전자가 서로 끌어당기는 정전기적 인력에 의해 금속 원자 여러 개가 결합해 금속 덩어리를 이루고 있습니다. 이때 금속이 덩어리를 이루는 힘은 비교적 강한 인력이며, 냄비나 프라이팬, 숟가락과 같이 생활 속에서 경험하는 금속 역시 금속 원자들이 매우 강하게 결합하고 있습니다.

금속이 잘 타지 않는 첫 번째 이유는 바로 이런 물질의 특성으로 인해 다른 물질에 비해 발화점이 매우 높기 때문입니다. 금속에서 연소 반응이 일어나려면 금속결합을 깨고 금속 원자 사이에 산소가 공급되어야 합니다. 그런데 원자들끼리 빽빽하고 강하게 결합하고 있는 금속결합을 깨기 위해선 매우 많은 에너지가 필요하므로 발화점이 높아지게 됩니다. 아래 표에서 볼 수 있듯 금속의 발화점은 나무나 옷감 같은 다른 물질에 비해 높고, 특히 알루미늄과 철의 발화점은 다른 금속보다도 훨씬 더 높습니다. 따라서 우리가 평소 사용하는 냄비나 프라이팬, 밥솥, 숟가락 등의 금속 물질은 일상 속에서 쉽게 발화점에 도달하지 않아 잘 타지 않습니다.

같은 맥락에서, 금속은 원자들 간 결합이 강해 내부에 산소가 공

물질	발화점(℃)	물질	발화점(℃)
붉은색 인(성냥)	260	알코올	482
울 섬유	570	나일론	420-490
종이류	405-410	마그네슘(덩어리)	650
면 섬유	210	아연	900
가솔린	300	철	1,315
목재	410-450	알루미늄	1,000-2,000

각 물질의 발화점(여러 요인에 따라 달라질 수 있음)

들어갈 수가 없네...

금속 원자들이 빽빽하게 배열되어 있어 안쪽까지 산소가 공급될 수 없다.

급되기 어렵습니다. 금속 덩어리의 겉면은 공기 중의 산소와 접촉하므로 연소 반응이 일어날 수 있지만, 안쪽에는 산소가 잘 공급되지 않아서 연소 반응이 어렵습니다. 즉 연소의 조건 중 산소 공급이 만족되지 않아서 금속은 가열해도 잘 타지 않습니다.

또한 금속은 열을 잘 전달하는 특징이 있습니다. 그래서 금속 젓가락의 한쪽 끝을 불에 갖다 대면 반대 부분이 금방 뜨거워집니다. 금속의 이런 특징을 "열전도성이 높다"라고 표현하는데, 금속이 잘타지 않는 또 다른 이유는 바로 **열전도성**에 있습니다. 금속은 가열되면 그 열을 내부에 축적하지 않고 다른 부분으로 전달합니다. 즉 발화점에 도달하기에 충분한 열이 금속 안에 계속 쌓이는 것이 아니라 금속과 닿은 다른 물질로 계속 전달됩니다. 냄비에 물을 넣고 가열하면 열이 금속 냄비를 통해 물로 전달되어 물이 끓는 것처럼, 냄비나 프라이팬에 열이 계속 축적되지 않으므로 발화점에 도달하기

열 전도율 낮음

열

열 전도율 높음

가 어렵습니다.

그렇다면 금속은 어떤 상황에서도 타지 않을까요? 그건 아닙니다. 철 수세미처럼 철을 가늘게 실처럼 만들어서 뭉쳐 놓은 강철솜 steel wool을 가열하면 연소 반응이 일어납니다. 덩어리 형태의 철은 불에 타지 않지만, 가느다란 실처럼 만들면 산소와의 접촉 면적이 증가하므로 불에 탈 수 있습니다. 연소의 조건 중 산소 공급의 문제를 해결한 것입니다.

또한 마그네슘을 리본 형태로 얇게 만든 마그네슘 리본에도 연소 반응이 일어납니다. 마그네슘의 발화점은 철이나 알루미늄 같은 다른 금속의 발화점보다 낮고, 얇은 리본 형태로 만들면 산소와 접촉하는 표면적이 넓어져서 산소 공급이 잘 되므로 불에 탈 수 있습니다. 마그네슘 리본을 가열하면 매우 밝은 빛을 내면서 타며, 연소 후 흰색으로 변화합니다.

같은 원리로, 금속 덩어리를 곱게 갈아서 고운 가루로 만들면 금속 원자에 산소가 더 공급되기 쉬운 조건이 되므로 연소 반응이 일어날 수 있습니다. 큰 덩어리를 좀 더 작은 크기로 만들면 금속이 산소와 접촉하는 표면적이 커지기 때문입니다. 이때 금속 가루에 직접 산소를 섞어 주면 더 쉽게 연소 반응이 발생합니다.

강철솜
$3Fe + 2O_2 \rightarrow Fe_3O_4$

리본 형태의 마그네슘
$2Mg + O_2 \rightarrow 2MgO$

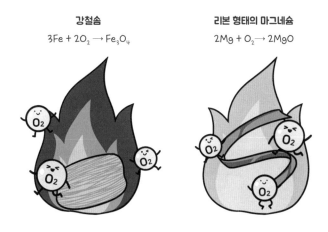

산소 접촉면이 증가하면 금속도 탈 수 있다!

21

찬물에 녹는 커피믹스는
어떻게 만들까?

커피믹스는 간편하게 커피를 마실 수 있도록 봉지 한 개에 1회 분량의 커피 재료를 넣어서 1인분의 양과 비율을 표준화한 제품입니다. 커피믹스는 1976년에 한국의 동서식품에서 세계 최초로 개발한 것으로 알려졌는데, 휴대성이 좋고 보관도 편한 커피믹스는 2017년 특허청에서 실시한 '한국을 빛낸 발명품' 설문조사에서 5위에 선정될 정도로 높은 인기를 누리고 있습니다.

커피믹스를 마실 땐 봉지를 뜯어 가루를 컵에 쏟은 뒤 뜨거운 물을 붓고 젓기만 하면 됩니다. 그런데 실수로 뜨거운 물 대신 찬물을 부으면 가루가 잘 녹지 않아 분말들이 물 위로 둥둥 떠다닙니다. 여기서 주제의 의문이 생깁니다. 아이스 커피믹스는 찬물에서도 잘 녹는데, 찬물에 녹는 커피믹스는 무슨 원리일까요?

커피믹스의 구성

　주제의 질문에 답하려면 일반적인 커피믹스가 왜 찬물에 잘 녹지 않는지부터 알아야 합니다. 인스턴트 커피에는 보통 커피 크리머 coffee creamer가 들어갑니다. 커피믹스 포장지에 있는 원재료명 중 '식물성 경화 유지' 또는 '식물성 크림'이라 적힌 것이 바로 커피 크리머입니다. 상품명대로 프림 또는 프리마, 커피메이트나 커피화이트 등으로도 불리는 크리머는 커피의 신맛과 쓴맛을 줄여 주고, 인스턴트 커피 특유의 진한 색을 연한 갈색으로 바꾸어 부드러운 커피를 즐길 수 있게 합니다. 그리고 일반적인 커피믹스가 찬물에 잘 녹지 않는 가장 큰 이유는 바로 이 크리머 때문입니다.

　크리머는 식물성기름인 코코넛오일(야자유)을 주요 원료로 사용해 가공해서 분말 형태로 만든 제품입니다. 코코넛오일은 우유를 이용해 만드는 크림보다 가격이 저렴함에도 크림처럼 부드러운 맛을 낼 수 있어서 크리머의 주재료로 사용됩니다. 그런데 코코넛오일은 녹는점이 약 25℃라 실온에서 고체 상태로 존재하며, 경화시

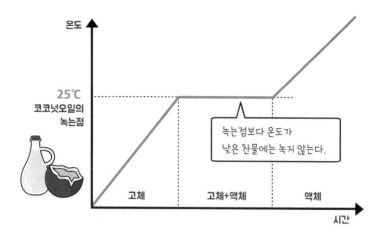

키면 녹는점이 조금 더 높아집니다. 보통 동물성기름은 실온에서 고체 상태로 존재하고 식물성기름은 실온에서 액체 상태로 존재하는데, 코코넛오일은 부드럽고 고소한 맛을 내는 식물성기름임에도 불구하고 특이하게 실온에서 고체 상태로 존재하는 것입니다. 그래서 일반적인 커피믹스는 크리머의 녹는점인 약 25℃ 이상의 뜨거운 물에는 쉽게 녹는 것이고, 찬물에는 잘 녹지 않는 것입니다.

또한 커피믹스에 들어 있는 인스턴트 커피 분말은 입자가 굵어서 찬물보다 뜨거운 물에 더 잘 녹습니다. 물론 커피 분말을 3분에서 5분 이상 계속 저어 주면 찬물에서도 결국 다 녹긴 합니다. 커피 가루 자체는 물에 녹지 않지만, 인스턴트커피 분말은 커피 원두에서 추출한 용액을 영하 50℃까지 단계적으로 급속 냉동한 뒤, 진공의 낮은 온도에서 수분은 증발시키고 향은 가두는 동결건조freeze drying 방식

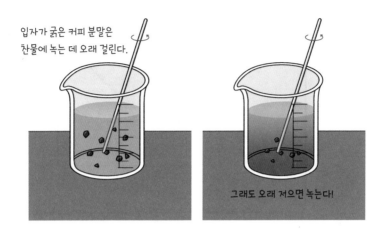

입자가 굵은 커피 분말은
찬물에 녹는 데 오래 걸린다.

그래도 오래 저으면 녹는다!

으로 만들어집니다. 즉 애초에 물에 녹은 추출액에서 수분을 제거해 만들었으므로 뜨거운 물에서는 빨리 녹고 찬물에서는 천천히 녹는다는 시간의 차이가 있을 뿐, 뜨거운 물이나 찬물에서 모두 녹습니다.

그렇다면 찬물에서 크리머와 커피 분말이 모두 잘 녹는 아이스 커피믹스는 어떻게 만들까요? 아이스 커피믹스는 일반 커피믹스와 달리 야자유가 아닌 해바라기유가 함유된 커피크리머를 사용합니다. 녹는점이 영하 17℃인 해바라기유는 실온에서뿐 아니라 0℃에 가까운 얼음물에서도 액체 상태입니다. 그래서 일반 커피믹스와 달리 찬물에서도 커피크리머가 잘 녹습니다.

또한 아이스 커피믹스의 커피 분말은 커피 추출액을 스프레이에 넣고 가열한 뒤 분무해서 수분을 증발시키는 분무건조spray drying 방식으로 제조됩니다. 이 방식으로 제조된 커피 분말은 입자가 먼지처럼 작아서 얼음물에서도 빠르게 녹습니다. 다만, 동결건조 방식으로 제작된 커피 분말보다 커피의 향이 다소 약한 편입니다. 이처럼 원리를 이해하면 용도와 취향에 따라 커피믹스를 선택할 수 있고, 기호에 맞는 커피를 맛있게 마실 수 있습니다.

22

오줌에서는 왜
지린내가 날까?

　화장실에서는 인상을 찡그리거나 코를 막게 하는 특유의 오줌 냄새가 나곤 합니다. 이 냄새를 소위 '지린내'라고도 부르는데, 오줌에서는 왜 안 좋은 냄새가 날까요?

　오줌은 먹은 음식을 소화하고 영양분을 흡수한 뒤 우리 몸에서 배출하는 노폐물 중 하나입니다. 그래서 이 주제를 해결하려면 우리가 섭취하는 영양소를 먼저 살펴봐야 합니다. 우리 몸에 꼭 필요한 필수영양소는 탄수화물과 단백질, 지방입니다. 이 중 탄수화물과 지방은 탄소(C)와 산소(O), 수소(H)로 이루어진 물질이므로 완전히 분해되면 이산화탄소(CO_2)와 물(H_2O)이 생성됩니다. 반면 단백질은 탄소, 산소, 수소뿐 아니라 질소(N) 성분이 포함된 물질이라서 분해되면 이산화탄소와 물 이외에도 질소성 노폐물인 암모니아(NH_3)

가 만들어집니다.

　암모니아는 독성을 지닌 질소성 노폐물로이므로 몸속에 오래 머물게 되면 신체에 해롭습니다. 그래서 포유류는 간에서 암모니아를 독성이 매우 약한 요소Urea로 바꿉니다. 간에서는 암모니아 두 분자가 이산화탄소 한 분자와 물 한 분자와 결합해 요소가 합성되고, 물 두 분자를 내놓습니다. 이렇게 만들어진 요소는 신장으로 운반되어 방광에 저장되었다가 소변이나 땀의 형태로 배출됩니다. 성인이 하루에 배출하는 요소의 총량은 20g에서 30g이며, 요소 배출량은 섭취하는 음식의 종류와 건강 상태 등에 따라 달라질 수 있습니다. 특히 단백질이 풍부한 음식을 많이 섭취하는 경우에는 요소 배출량이 많아집니다.

　그런데 이 과정에서 체내에서 미처 요소로 전환되지 못한 암모니아가 소변에 섞여 몸 밖으로 배출되기도 합니다. 참고로 암모니아

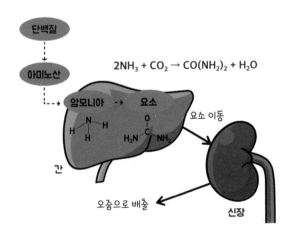

$$2NH_3 + CO_2 \rightarrow CO(NH_2)_2 + H_2O$$

단백질 → 아미노산 → 암모니아 → 요소

요소 이동

오줌으로 배출

간

신장

는 자극적인 강한 냄새를 풍기지만, 요소는 상대적으로 무독성이고 냄새도 없습니다. 즉 오줌 냄새는 소변에서 물을 제외하고 가장 많은 부분을 차지하는 요소 냄새가 아니라, 소변에 포함된 미량의 암모니아 냄새입니다. 또한 화장실에 남아 있는 소변에 박테리아나 세균이 증식하면 물질대사 작용을 통해 요소가 분해되어 다시 암모니아를 생성하게 됩니다. 소변이 처음 배출될 때는 냄새가 심하지 않지만 오랫동안 방치하면 자극적인 냄새가 심해지고 악취가 되는 이유가 바로 이 때문입니다.

그런데 오줌에서 평소보다 불쾌한 냄새가 심하게 날 수 있습니다. 이때는 다른 원인이 있을 가능성이 있는데, 탈수증상으로 인해 오줌의 농도가 진해지면 암모니아 냄새가 더 강하게 날 수 있고, 요로감염 등 장내세균의 불균형이 있을 때도 암모니아의 농도가 진해질 수 있습니다. 그러므로 오줌의 악취가 갑자기 심해졌다면 건강 상

세균 증식으로
요소가 분해되어
생성된 암모니아

소변에 포함된
미량의 암모니아

태를 살펴봐야 합니다.

　이외에도 특정 음식물이나 약물, 비타민 등으로 인해 소변에서 일시적으로 강한 냄새가 풍길 수도 있습니다. 예를 들어 아스파라거스, 마늘, 양파와 같이 황(S) 성분이 많이 든 음식을 먹고 난 뒤에는 황을 포함한 유황 화합물이 소변에 포함되어 배출됨으로써 일시적으로 오줌 냄새가 강해지거나 악취가 날 수 있습니다.

건강 이상　　　　　　의약품　　　　　　황이 많이 든 음식

암모니아 이름의 유래

이집트의 태양신인 암몬Amnon을 모시는 신전 부근에서는 고대부터 염이 산출되었습니다. 사람들은 이를 '암몬의 염'이라고 불렀는데, 암몬의 염의 현재 화학적 명칭은 염화암모늄(NH_4Cl)입니다.

한편, 중세 사람들은 동물의 뿔과 발굽 등 천연 질소를 함유한 물질을 증류하는 방식으로 암모니아 기체를 얻었습니다. 그래서 이 시기에 암모니아 기체는 '뿔의 정령'이라고도 불렸습니다.

1782년 스웨덴의 화학자 토르베른 베리만Torbern Bergman은 '암몬의 염'으로부터 얻을 수 있는 기체가 이전에 '뿔의 정령'이라고 부르던 기체와 같은 물질이라는 것을 확인하고, 암몬의 염에서 유래된 기체라는 의미로 암모니아ammonia라는 현대적 이름을 제안했습니다.

냄새가 썩 유쾌하진 않구나.

23

파마를 하면 어떻게
웨이브가 오래 유지될까?

 파마라는 이름은 영구적인 물결 모양을 뜻하는 '퍼머넌트 웨이브
permanent wave'라는 표현에서 유래했습니다. 실제 파마를 하면 머리를
감아도 웨이브가 풀리지 않고 몇 달 동안 유지됩니다. 이와는 달리
고데기로 웨이브를 만들었을 때는 물에 닿으면 금방 풀립니다. 파
마는 어떻게 웨이브를 계속 유지할 수 있는 걸까요?

 주제의 질문에 답하기 위해선 평소 머리카락이 쉽게 끊어지지 않
고 모양도 잘 변형되지 않는 이유부터 살펴봐야 합니다. 머리카락
의 주요 성분은 케라틴 단백질입니다. 케라틴 단백질에는 황(S) 성
분을 가진 아미노산인 **시스테인** Cysteine과, 시스테인 두 분자가 결합한
화합물인 **시스틴** Cystine이 함유되어 있습니다. 참고로 머리카락을 태
우면 썩은 달걀처럼 고약하고 자극적인 냄새가 나는데, 그 이유는

시스테인   시스틴

바로 시스테인에 들어 있는 황 성분 때문입니다.

시스테인 분자 두 개가 결합하면서 수소 원자 두 개를 잃으면 시스틴이 만들어집니다. 시스틴 단백질은 황 원자와 다른 황 원자가 단단하게 연결되어 있고, 이러한 결합을 **이황화 결합**disulfide bond, S-S 결합이라고 부릅니다. 이황화 결합은 단단하고 강해서 결합이 쉽게 끊어지지 않습니다. 그래서 머리카락은 질기고 탄력을 가지며, 구부렸다가 펴도 다시 원래 모양으로 되돌아옵니다. 머리카락에 물리적인 힘을 주어도 다시 원래 모양으로 돌아가므로 머리카락은 원래 모양을 바꾸기도 어렵습니다. 즉 머리카락의 모양을 영구적으로 바꾸기 위해서는 화학 처리를 통해 머리카락 내의 이황화 결합을 끊어 줘야 하고, 이 원리를 이용한 것이 파마입니다.

일반적으로 파마할 때 머리에 바르는 화학약품은 두 종류입니다.

처음에 바르는 파마 약은 알카리성 약품으로, 머리카락의 화학반응에서 환원제 역할을 합니다. **환원**reduction 이란 산소(O)를 잃거나 수소(H)를 얻는 과정을 의미하는데, 환원제를 바르면 머리카락에 수소가 공급됩니다. 이때 머리카락의 황 원자가 환원제에서 얻은 수소와 결합하면서 시스틴의 이황화 결합이 끊어지게 됩니다.

이황화 결합이 끊긴 머리카락은 모양을 변형하기 쉬운 상태가 됩니다. 그래서 파마 약을 도포한 뒤에는 도구를 이용해 원하는 모양을 만들어 주는 과정을 거칩니다. 예를 들어서 원하는 굵기와 모양의 롤을 감아서 둥글게 말 수도 있고, 구불거리는 머리카락을 곧게 펼 수도 있습니다.

다음으로는 두 번째 화학약품인 중화제(산화제)를 머리카락에 바

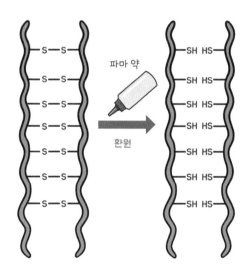

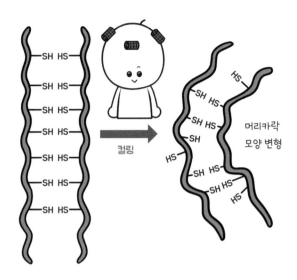

컬링

머리카락
모양 변형

룹니다. **산화**oxidation란 산소와 결합하거나 수소를 잃는 과정을 의미하는데, 파마 중화제의 주성분인 과산화수소는 일상에서 흔하게 접할 수 있는 산화제입니다. 머리카락을 원하는 모양으로 고정시킨 채로 중화제를 바르면 그 상태에서 머리카락의 수소가 제거되면서 새로운 위치에서 이황화 결합을 형성하고, 머리카락에 의도했던 웨이브 모양이 만들어집니다.

　정리하자면 파마는 알칼리성 물질인 파마 약으로 머리카락을 환원시킴으로써 머리카락의 이황화 결합을 끊은 뒤, 산성 물질인 중화제를 발라서 산화시킴으로써 원하는 모양으로 다시 이황화 결합을 형성하는 과정입니다.

　앞서 설명했듯 이황화 결합은 강력하고 단단한 결합이므로 파마를 한 뒤 머리를 감아도 몇 달 동안 머리카락의 웨이브가 풀리지 않습니다. 참고로 파마 과정에서 머리카락에 뜨거운 열을 가하면 화학반응 속도가 빨라지므로 파마 시간을 단축할 수 있습니다.

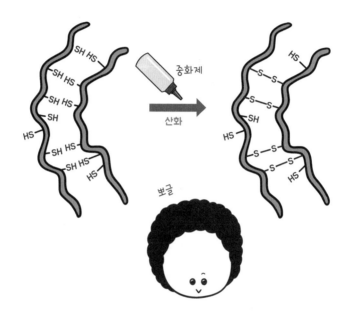

24

수돗물과 정수기 물은
어떻게 공급되는 걸까?

일상에서 많이 접하는 물에는 수돗물과 정수기 물, 생수 등이 있습니다. 이 중 수돗물과 정수기 물은 강물과 하천 등 지표수를 취수원으로 하여 가정에 직접 공급되는 물이고, 생수는 주로 지하수나 지하 암반수를 취수원으로 하여 플라스틱병에 담겨 판매되는 물입니다. 그렇다면 수돗물과 정수기 물은 구체적으로 어떤 과정을 거쳐 공급되는 걸까요?

우리나라 수돗물의 공급원은 개울, 강, 호수, 저수지 등의 지표수입니다. 수돗물은 정부나 지자체의 관리하에 취수원의 물을 깨끗하게 정수하고 소독하는 일련의 과정을 거쳐 가정에 공급되는데, 그 과정을 요약하면 다음과 같습니다. 우선 취수원에서 물을 받아 물속에 있는 모래 등의 큰 입자를 가라앉힙니다. 이후 물에 떠다니는 작은 알갱이나 부유물을 응집해 무겁게 만들어서 침전시키고, 미세한 입자까지 불순물을 여과해 맑은 물을 걸러 냅니다. 여기까지의 단계를 거친 물은 깨끗한 상태라고 할 수 있으나 세균이나 미생물이 남아 있을 수 있습니다. 그래서 살균을 위해 염소를 소량 투입해 소독하며, 이러한 과정을 모두 거친 뒤에야 수도관을 통해 각 가정이나 사무실에 공급됩니다.

수돗물은 이렇게 공급되는데, 소독할 때 사용한 염소가 수돗물

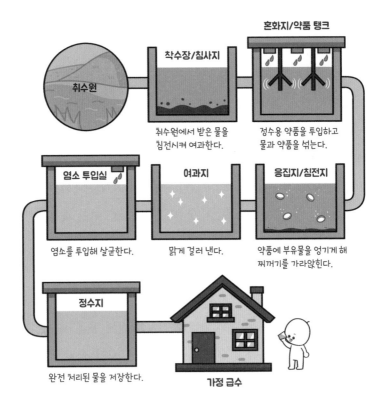

취수원

착수장/침사지
취수원에서 받은 물을
침전시켜 여과한다.

혼화지/약품 탱크
정수용 약품을 투입하고
물과 약품을 섞는다.

염소 투입실
염소를 투입해 살균한다.

여과지
맑게 걸러 낸다.

응집지/침전지
약품에 부유물을 엉기게 해
찌꺼기를 가라앉힌다.

정수지
완전 처리된 물을 저장한다.

가정 급수

에 남아 있다는 이야기를 들어 본 적이 있을 겁니다. 실제 수돗물에는 잔류염소가 있을 수 있는데, 인체에 미치는 영향은 없다고 하나 수돗물을 받아서 하루이틀 정도 두거나, 끓이면 잔류염소를 제거할 수 있습니다.

수돗물의 공급 과정은 이러하고, 정수기는 여기에 정수 과정을 한 번 더 거칩니다. 정수기는 구조에 따라 정수된 물을 저장하는 수조가 있는 저수조형 정수기와 수조 없이 수돗물을 바로 정수해서 마시는 직수형 정수기로 나뉘는데, 저수조형 정수기에는 역삼투압 필

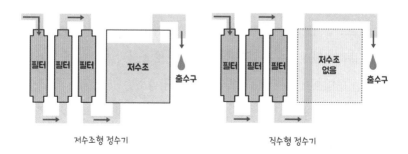

저수조형 정수기   직수형 정수기

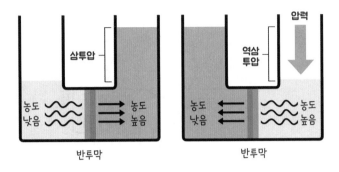

압력

삼투압

역삼
투압

농도
낮음

농도
높음

농도
낮음

농도
높음

반투막

반투막

터가, 직수형 정수기는 중공사막 필터가 사용됩니다.

역삼투압reverse osmosis 필터는 이름 그대로 역삼투압 원리를 이용해 수돗물을 여과합니다. 역삼투압은 농도가 다른 두 용액 사이에 반투막을 둔 뒤 삼투압보다 강한 압력을 가하면 농도가 높은 쪽에서 낮은 쪽으로 용매가 이동하는 현상을 말합니다. 즉 불순물의 농도가 높은 물에 압력을 가하면 물 입자만 반투막을 통과하여 이동하고, 저농도 쪽의 물은 불순물이 걸러집니다. 이 과정에서 아주 작은 물질까지 걸러지므로 역삼투압 필터를 통과한 물은 순수한 물인 증류수에 가깝습니다.

다음으로 '가운데가 비어 있는 실'이라는 뜻의 중공사막ultrafiltration 필터는 신장 투석기의 여과 재료로도 사용되는 필터입니다. 가느다란 폴리에틸렌섬유가 필터 역할을 하는 중공사막 필터는 중앙의 미세한 구멍으로 물이 들어간 뒤 정수되어 나오는 방식으로 작동합니다. 크기가 작은 이온성 물질이나 중금속 유기화합 물질을 역삼투압 필터만큼 완벽하게 제거하지는 못하지만, 정수 과정에서 물 낭

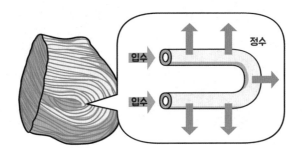

중공사막 필터의 작동 원리

비가 없고 가격도 저렴하다는 장점이 있습니다.

정수기 물은 이와 같은 과정을 거치므로 확실히 수돗물보다 더 깨끗합니다. 다만 정수기 필터나 정수관 등을 제대로 관리하지 않으면 오염될 가능성이 있으며, 역삼투압 필터의 경우 수돗물의 미네랄까지 여과한다는 단점이 있습니다. 정리하자면 수돗물과 정수기 물은 모두 깨끗한 물이라고 할 수 있지만 두 물 모두 관리가 잘 안 되면 오염될 가능성이 있으므로 반드시 추가적인 관리가 필요합니다.

4부

알아 두면 쓸데 있는
지구과학 호기심

25

강물은 안 짠데
바닷물은 왜 짤까?

계곡물이나 강물에선 짠맛이 나지 않는데 바닷물에서는 짠맛이 납니다. 상류의 계곡물과 강물이 흘러 들어가서 바다가 된 것일 텐데, 왜 바닷물은 짠 걸까요?

바닷물이 짠 이유는 짠맛을 내는 염화나트륨이 많이 녹아 있기 때문입니다. 또 바닷물에는 일반적인 소금물과 달리 쓴맛도 나는데, 염화마그네슘, 황산마그네슘, 황산칼슘 등 여러 다양한 물질이 녹아 있기 때문입니다. 이런 물질들을 **염류**鹽類라고 하고, 바닷물 1kg 속에 들어 있는 염류의 총량을 **염분**鹽分이라고 합니다. 염분을 나타낼 때는 psu practical salinity unit, 실용 염분 단위라는 단위를 사용하는데, 전 세계 해수의 평균 염분은 35psu입니다. 이는 바닷물 1kg을 떠서 물을 증발시키면 염류가 35g 나온다는 의미입니다.

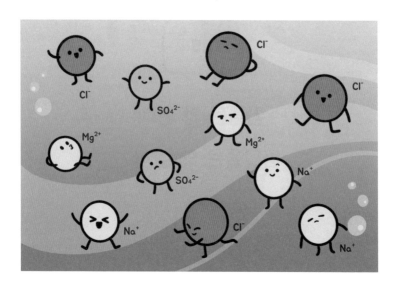

바닷물에는 다양한 염류가 녹아 있다.

염분은 강수량과 증발량, 육지에서 바다로 유입되는 강물의 양, 빙하가 얼고 녹는 정도에 따라 지역별로 다릅니다. 우리나라 주변 바다의 염분은 32psu에서 33psu 정도이고, 강물의 유입량이 많은 서해의 염분이 동해보다 낮습니다. 또한 여름처럼 비가 많이 오는 계절에는 염분이 더 낮아집니다. 아라비아반도 서북쪽에 위치한 호수인 사해는 강수량은 적고 증발량이 많아서 염분이 무려 약 300psu라 물 위에 누워서 책을 읽을 수도 있습니다. 심지어 그 농도가 점점 짙어지고 있다고 합니다. 반면 유럽 대륙과 스칸디나비아반도 사이에 위치한 바다인 발트해는 강물의 유입이 많아서 평균 염분이 강물과 비슷한 수준인 10psu 이하입니다. 극지방의 경우, 빙

하가 얼면 물만 얼고 염류는 얼지 않기 때문에 빙판 아래쪽의 염분이 높아지고, 빙하가 녹으면 염분이 낮아집니다.

이렇게 전 세계 해수의 염류량은 다르지만 해수에 녹아 있는 염류 사이의 비율은 일정하게 유지됩니다. 예를 들어 북극해의 염분은 30psu이고 동해의 염분은 33psu이지만 각 해수에 들어 있는 염화나트륨의 비율은 약 77.7%, 염화마그네슘의 비율은 약 10.9%로 일정합니다. 이는 해수가 오랜 시간에 걸쳐 전 세계 바다를 순환하면서 고르게 섞였고, 염류는 바닷물 속에 그대로 있는 채로 순수한 물만 증발하거나 얼며 염류가 없는 비나 강물, 빙하로 공급되고 있기 때문입니다.

그렇다면 강물과 빗물에는 없는 염류가 갑자기 어디서 나타난 걸까요? 이 의문을 해결하려면 지구 탄생의 순간부터 되짚어 보아야 합니다. 지구는 약 46억 년 전에 탄생했습니다. 지구는 수많은 미행성이 충돌해 형성되었기 때문에 태초의 지구는 충돌 열과 이산화탄소, 메탄가스 같은 기체들로 발생한 온실효과 때문에 매우 뜨거운 상태였습니다. 그래서 지금처럼 딱딱한 땅이 있는 것이 아니라 마그마가 지구 표면을 덮고 있었습니다.

미행성 충돌이 줄어들고 뜨거운 마그마가 식으면서 최초의 땅이 생겨났습니다. 기체인 수증기가 식으면서 엄청난 양의 구름이 생겼고 비가 되어 내렸습니다. 오랜 세월 동안 내린 비는 지표면 중 낮은 곳을 채워 바다를 만들었습니다. 지구에 충돌한 얼음으로 된 혜성들도 지구에 물을 전달해 주었다고 합니다.

물은 다양한 종류의 물질을 녹이는 특징을 가지고 있습니다. 그래서 과거 지구에 비가 내릴 때 당시 대기 중에 있던 염소나 황산 같은 기체도 같이 녹여서 내려왔습니다. 강한 산성을 띠는 비는 땅과 암

1. 대기 중의 기체가 빗물에 녹아 내린다.

2. 강물이 땅속 물질들을 녹여 바다로 운반한다.

3. 이 과정이 수억 년간 반복되며 바다에 염류가 축적된다.

석에 포함된 많은 물질도 녹여서 함께 바다로 흘러들었습니다. 또한 화산 폭발로 분출된 많은 물질도 바다로 직접 들어갔습니다. 이 물질들이 만나 짠맛과 쓴맛을 내는 염류가 되었습니다. 짠맛을 내는 염화나트륨 중 나트륨이온은 암석의 침식에서, 염화이온은 대기에서 온 것입니다.

이런 순환 과정은 현재도 반복되고 있습니다. 바닷물이 증발할 때 염류는 남고 물만 증발합니다. 수증기는 구름이 되고 비가 되어 내리면서 공기 중에 있는 물질을 녹이고, 빗물이 강물이 되어 암석들을 침식해 가며 여러 물질을 녹여 이동합니다. 즉, 태초부터 바닷물이 짰던 것이 아니라 이런 과정이 수억 년간 반복되면서 짜진 것입니다. 이 전체 과정을 생각해 본다면 지구 자체가 소금을 만들어 내는 아주 크고 느린 요술 맷돌이라고 할 수 있겠습니다.

26

해가 질 때
왜 하늘이 붉게 물들까?

'하늘색'이라고 하면 보통 청명한 푸른빛을 떠올립니다. 그러나 해가 뜨거나 질 때는 붉은 노을이 지면서 하늘이 빨갛게 물들곤 합니다. 낮에는 푸르렀던 하늘이 왜 붉게 변하는 걸까요?

주제의 질문에 답하기 위해서는 햇빛의 성질을 이해해야 합니다. 햇빛을 프리즘에 통과시켜 보면 빛이 무지개처럼 여러 색으로 나뉘는 모습을 관찰할 수 있습니다. 즉 햇빛은 흰빛 한 종류로 구성된 빛이 아니라, 여러 종류의 빛이 섞여 흰색으로 보이는 백색광입니다. 햇빛은 일명 '빨주노초파남보' 색깔로 보이는 가시광선을 포함해, 붉은빛보다 짧은 파장을 가진 적외선, 보랏빛보다 긴 파장을 가진 자외선뿐 아니라 기타 여러 파장을 가진 다양한 전자기파로 구성되어 있습니다.

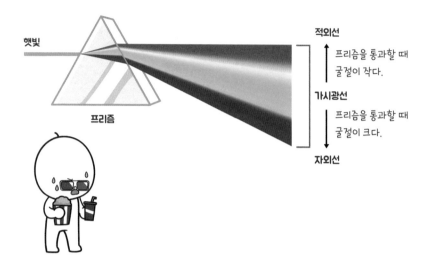

이 중 가시광선^{visible light}이란 사람이 볼 수 있는 약 400nm(나노미터)에서 780nm의 파장을 가진 전자기파를 말합니다. 햇빛이 프리즘을 통과할 때 파장에 따라 굴절되는 정도가 다른데, 짧은 파장인 보랏빛은 굴절이 크게 되고, 긴 파장인 붉은빛은 굴절이 작게 됩니다. 즉 보랏빛으로 갈수록 파장이 짧아지고, 붉은빛으로 갈수록 파장이 길어집니다. 비가 온 뒤 해가 뜨면 무지개가 생길 때가 있는데, 무지개 역시 대기 중의 물방울이 프리즘 역할을 하면서 햇빛이 색깔별 파장에 따라 굴절되며 생기는 현상입니다.

다시 주제의 질문으로 돌아와, 해가 질 때 하늘이 붉게 물드는 이유는 빛의 **산란**^{Scattering} 때문입니다. 산란이란 빛이 원자나 분자 등 물질의 입자에 부딪혀서 운동 방향을 바꾸거나 여러 방향으로 흩어지는 현상을 말합니다. 이 중 빛과 충돌하는 입자의 직경이 빛 파장

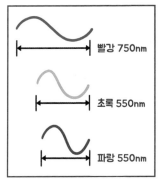

색깔별 빛의 파장

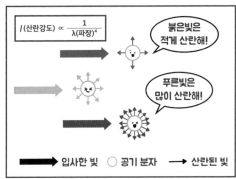

레일리산란

의 10분의 1보다 작을 경우에 일어나는 산란을 레일리산란Rayleigh Scattering이라고 하고, 입자의 직경이 빛의 파장과 비슷하거나 빛의 파장보다 큰 경우에 일어나는 산란을 미산란Mie Scattering이라고 합니다. 하늘의 색을 결정하는 대기 중 빛의 산란은 레일리산란에 해당합니다. 이때 산란강도, 즉 산란광의 세기는 파장의 4제곱에 반비례합니다. 즉 파장이 짧은 광선일수록 더 많이 산란되므로 파장이 짧은 보랏빛과 파란빛이 노란빛이나 붉은빛보다 먼저 산란됩니다.

지구 대기에 도달한 햇빛은 산소 분자나 질소 분자 같은 공기 입자(직경 약 0.1~1nm)나 먼지 미립자, 에어로졸(직경 약 1~10만nm) 등과 부딪히면서 산란됩니다. 그런데 맑은 날 한낮에는 햇빛이 우리에게 닿기까지 통과해야 하는 대기의 거리가 짧습니다. 이 과정에서 파장이 짧은 보랏빛이 가장 강하게 산란되지만, 파장이 워낙 짧

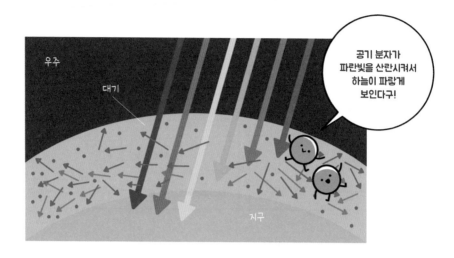

다 보니 먼저 산란되어 사라지면서 우리 눈에 도달하지 못합니다. 그래서 보랏빛보다 파장이 조금 더 긴 파란빛이 산란되어 우리 눈에 도달하므로 평상시 낮 하늘은 파랗게 보입니다. 또한 햇빛에 보랏빛이 상대적으로 적고, 우리 눈이 보랏빛보다 파란빛에 훨씬 더 민감한 것도 하늘이 보라색이 아닌 파란색으로 보이는 데 영향을 미칩니다.

반면 태양이 뜰 때나 질 때, 태양은 하늘에 매우 낮게, 즉 지평선 근처에 떠 있습니다. 이때는 햇빛이 지면에 닿기까지 통과해야 하는 대기의 거리가 평소보다 깁니다. 이 과정에서 파장이 짧은 파란빛뿐 아니라 노란빛과 초록빛까지 모두 대기에 의해 산란되어 흩어져 버리고, 파장이 길어 산란이 적게 일어나는 주황빛과 붉은빛만 남아서 공기층을 통과하게 됩니다. 이렇게 파장이 긴 붉은색 계열의 빛만 우리 눈에 도달하게 되므로 노을은 붉게 보입니다. 참고로 자동차 정지등을 붉은색으로 만드는 이유 역시 멀리까지 도달하는 붉은빛의 성질을 이용한 것입니다.

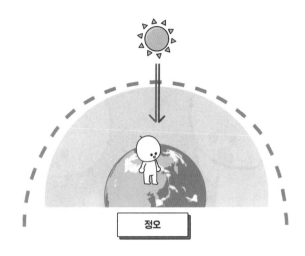

빛이 지구에 도달하기까지 거리가 짧다.

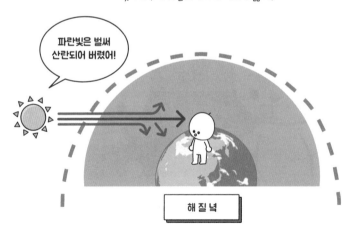

빛이 지구에 도달하기까지 거리가 길다.

27

갑자기 왜 화산이
폭발할까?

화산은 격렬한 폭발음과 함께 **마그마**magma가 터져 나오며 뜨거운 암석과 재, 기체가 섞인 회색 구름이 하늘 높이 치솟는 현상입니다. 과거 사람들은 불의 여신 펠레나 거인 괴물 티폰이 분노하거나, 대장장이 신 불카누스가 사용하는 뜨거운 쇳물이 흘러나와 화산이 폭발한다고 생각했습니다. 화산재와 연기, 암석과 뜨거운 용암으로 도시가 파괴되고 수많은 사람이 죽는 모습을 초월적 존재의 행동으로 생각한 것입니다. 그렇다면 화산은 대체 왜 폭발하는 걸까요?

화산은 지하 깊은 곳에 있던 마그마가 지각의 약한 부분을 뚫고 분출하며 만들어집니다. 마그마란 지구 내부의 높은 온도와 압력 등에 의해 지각 하부나 맨틀 물질이 녹아서 형성된 물질입니다. 우리가 서 있는 땅은 서늘하게 느껴질 만큼 온도가 낮지만, 지표에서

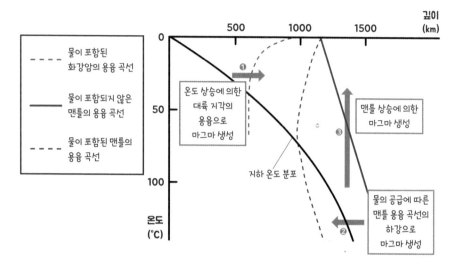

깊이
(km)

물이 포함된
화강암의 용융 곡선

물이 포함되지 않은
맨틀의 용융 곡선

물이 포함된 맨틀의
용융 곡선

온도 상승에 의한
대륙 지각의
용융으로
마그마 생성

맨틀 상승에 의한
마그마 생성

지하 온도 분포

온도
(°C)

물의 공급에 따른
맨틀 용융 곡선의
하강으로
마그마 생성

지하 온도 분포와 깊이에 따른 암석의 용융 곡선

100m 깊어질 때마다 온도가 약 3℃씩 상승하며, 가장 안쪽에 위치한 내핵의 온도는 약 6000℃로 추측됩니다. 그런데 일반적으로 지하 50km에서 100km에 위치한 암석의 녹는점은 주변 온도보다 높으므로 지구 내부 온도만으로 마그마가 쉽게 만들어지지는 않습니다. 즉 특정한 환경 변화로 인해 지구 내부 온도가 지각과 맨틀의 물질을 녹일 수 있을 만큼 높아지거나, 맨틀 물질이 빠르게 상승하여 압력이 감소하거나, 혹은 물이 첨가되어 암석의 녹는점이 낮아져야 맨틀이나 지각 하부가 부분적으로 용융되어 마그마가 만들어질 수 있습니다.

부분 용융된 마그마에는 수증기나 이산화탄소, 이산화황 등 기체가 많이 포함되어 있어 주위 암석보다 밀도가 낮습니다. 이 밀도

차이로 인해 마그마는 위쪽 지표를 향해 서서히 상승합니다. 주변 암석을 녹이며 상승하는 마그마들은 서로 모여 그 양이 점차 많아지고, 수 킬로미터에서 수십 킬로미터 정도 깊이에 **마그마방**마그마림, magma chamber을 형성합니다.

　이렇게 마그마가 지표 가까이 올라오면 전체적으로 마그마를 누르던 압력이 줄어듭니다. 이후 주변 온도가 낮아지면서 마그마가 식고, 마그마에 녹아 있던 휘발성물질이 기체로 더 많이 변하여 마그마 주변에 강한 압력을 가합니다. 이 압력이 마그마를 누르는 압력보다 세지면 지각의 약한 틈을 통해 지표로 마그마를 분출하며 화산활동이 일어납니다. 이때 휘발하기 쉬운 성분은 화산가스로 분

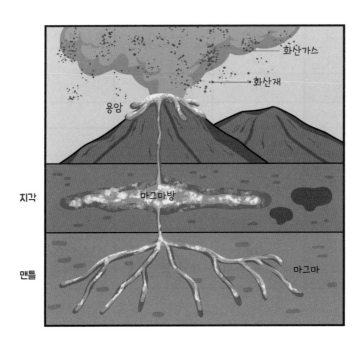

출되고, 나머지는 용암이나 화산재나 화산력, 화산탄과 같은 화산쇄설물로 분출됩니다. 이런 현상은 대부분 판의 경계에서 발생하지만, 하와이섬과 같이 판의 중앙에서 발생하는 경우도 있습니다.

그런데 모든 화산이 폭발적으로 분출되는 것은 아닙니다. 대규모 화산 폭발은 가스의 급속한 팽창에 의해 발생하는데, 이때 외부 압력이 줄어들어서 폭발할 수도 있고, 물과 마그마가 접촉해 급격하게 물이 기화되면서 폭발할 때 용암과 화산재만 조용히 분출될 수도 있습니다.

	현무암질	안산암질	유문암질
규산염	52% 이하	←→	63% 이상
온도	높다	←→	낮다
점성	작다	←→	크다
유동성	크다	←→	작다
가스 분출	적다	←→	많다
분화 형태	조용히 분출	용암과 화산쇄설물 교대로 분화	격렬한 폭발성 분화
화산체	낮다 / 완만한 모양	중간 / 원뿔 모양	높다 / 돔 모양

마그마의 종류

외부 압력이 줄어들며 분출되는 경우, 화산이 폭발적으로 분출하는지 또는 조용히 분출하는지 여부는 마그마의 점성과 관련 있습니다. 마그마의 점성은 온도와 규산염(SiO_2) 함량의 영향을 많이 받는데, 온도가 하강하거나 규산염의 함량이 많을수록 점성이 증가해 잘 흐르지 않고 끈적끈적합니다. 점성이 강한 마그마에 녹아 있던 가스는 주위 온도가 낮아지면 기체로 변하려고 하면서 압력이 높아집니다. 이 압력이 마그마를 누르는 지각의 압력보다 세지거나, 주위에서 마그마방을 압박하게 되면 격렬하게 폭발하는 것이고, 안산암질마그마와 유문암질마그마가 이에 해당합니다. 천둥 치듯 요란한 소리와 함께 폭발적으로 다량의 가스와 화산쇄설물, 용암을 분출하며 일대를 초토화시키는 화산을 **폭발형 화산**이라고 합니다. 폼페이의 베수비오산이나 1980년에 대폭발을 일으킨 미국의 세인트헬렌스산, 946년 '밀레니엄 대분화'를 한 백두산, 10만 년 동안 빈번

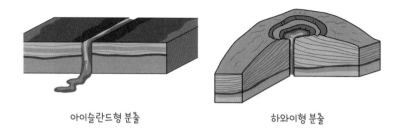

아이슬란드형 분출   하와이형 분출

하게 분출하고 있는 일본의 후지산이 폭발형 화산의 대표적인 예입니다.

　반면 규소를 약 50% 함유하고 있는 현무암질마그마의 경우 온도가 높고 점성이 낮아 유동성이 크며, 가스 압력이 낮습니다. 그래서 가스양이 적고 하나의 화구에서 마그마가 조용히 분출하여 넓은 지역을 물처럼 흘러 용암 호수를 만들기도 합니다. 이를 **분출형 화산**이라고 합니다. 그중 아이슬란드형Icelandic type은 한 지점이 아닌 길게 늘어선 틈을 따라 유동성이 큰 마그마가 분출해 용암대지를 형성합니다. 하와이형Hawaiian type은 분출형의 대표적인 형태로, 경사가 완만한 순상형(방패형) 화산을 형성합니다.

　또 마그마 열에 의한 지하수의 과열로 증기가 폭발하며 생기는 분출도 있는데, 이를 프레아식 분출Phreatic Eruption이라고 합니다. 마그마성 물질은 포함되지 않고, 부서진 암석으로 만들어진 화산재와 증기만 폭발합니다. 참고로 프레아식 분출은 마그마 분출의 전조일 수도 있습니다.

　그렇다면 화산 폭발을 예측할 수는 없을까요? 현재 전 세계 화산

대부분을 지속적으로 모니터링하고 있지만 폭발을 예측하기는 쉽지 않습니다. 지면 아래 얕은 곳에서 발생하는 천발지진과 지면 팽창은 마그마방에 마그마가 채워지고 있음을 의미할 수 있으며 이는 화산 분화의 가능성을 의미합니다. 다만 마그마마다 특성이 다르고 진행 속도도 달라서 화산 주변의 지진 패턴 분석이나 지표 변화, 가스의 양이나 성분의 변화, 지온 상승과 같은 화산 현상 관측에만 의존하는 시스템으로는 예측이 어려운 실정입니다.

최근에는 화산 내부 마그마 속에서 형성되는 결정체를 분석해서 화산 폭발을 예측하는 연구를 진행하고 있습니다. 마그마가 재충전되는 깊이와 그 주기, 분출과의 관계성이 밝혀지면 지진과 같은 물리적 징후를 화산 분출과 연결해 화산 분출이 언제 일어날지 예측하는 데 도움을 줄 수 있을 것으로 기대합니다.

28

사막의 모래는 어디에서 왔고, 그 아래에는 뭐가 있을까?

사막은 건조한 요인으로 황원荒原이 되어 연 강수량이 연 250mm 이하인 곳을 말합니다. 보통 사막이라고 하면 타오르는 태양과 끝도 없이 펼쳐진 모래언덕을 가진 모래사막, 즉 에르그erg를 떠올립니다. 하지만 지구 전체 사막 중 모래사막의 비율은 약 10%에 불과하며, 대부분은 레그reg 또는 세리르serir라 불리는 자갈사막과, 암석사막인 하마다hamada 등입니다. 이러한 사막은 아프리카뿐 아니라 남극과 북극을 포함한 일곱 개 대륙 모두에서 볼 수 있습니다.

주제에 해당하는 모래사막은 중위도고압대인 위도 30°에서 50° 부근에서 주로 형성되는데, 이 지역에 사막이 생성되는 과정은 다음과 같습니다. 우선 태양 빛을 많이 받는 적도에서 따뜻한 공기가 상승하면서 구름이 형성되고 적도 부근에 많은 비를 내립니다. 공

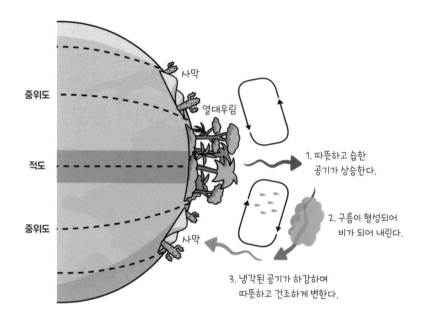

사막

중위도

열대우림

적도

중위도

사막

1. 따뜻하고 습한
공기가 상승한다.

2. 구름이 형성되어
비가 되어 내린다.

3. 냉각된 공기가 하강하며
따뜻하고 건조하게 변한다.

기는 계속 상승하여 대류권 계면에 이르러 남과 북으로 이동하고, 위도 30°에서 50° 되는 지점에 이르면 대부분이 냉각되어 무거워져 하강합니다. 하강하는 공기는 단열압축이 되면서 따뜻하고 건조하게 변하고, 이 부근에 반영구적인 고기압대가 형성되면서 비가 거의 내리지 않는 건조한 사막이 형성됩니다.

그렇다면 모래사막의 그 많은 모래는 어디서 온 걸까요? 사막의 기온은 낮에 태양 빛을 받으면 30℃에서 50℃까지 올라가지만 밤이 되면 0℃에서 영하까지 급격하게 떨어집니다. 왜냐하면, 비열이 작은 모래는 쉽게 뜨거워지고 차가워지며, 대기 중에 구름과 수증기가 없어 밤에 복사냉각이 활발하게 이루어지기 때문입니다. 낮과

밤의 이러한 급격한 기온 변화로 인해 암석은 낮에는 팽창했다가 밤에는 수축하기를 반복합니다. 이것이 오랜 세월 반복되면 암석에 틈이 생겨 쪼개지고 갈라져 점차 잘게 부서집니다. 또한 사막에도 가끔 갑작스러운 호우가 발생할 때가 있는데, 뜨겁게 달궈진 암석에 비가 내리면 암석이 산산조각 나고, 이때 조각난 파편은 바람에 침식되어 모래가 됩니다.

또한 사막은 대기가 불안정하여 열풍이나 모래 폭풍이 자주 발생하고, 이런 돌풍은 암석에 침식을 일으켜 모래를 형성합니다. 고비 사막이나 남극같이 공기가 너무 차서 습기를 머금을 수 없는 추운 사막에서도, 건조한 바람과 얼음 결정체가 유사한 작용을 하며 모

래 폭풍과 같은 백색 폭풍이 발생합니다.

이렇게 오랜 세월 암석이 침식되면서 사막에는 많은 모래가 형성
된 것입니다. 이 중 풍화가 적게 이루어진 무거운 모래와 자갈 등은
바닥에, 풍화가 많이 된 가볍고 미세한 모래는 표면에 위치하게 되
는데, 이들이 바람에 날려 쌓이면 사진으로 많이 보던 물결 모양의
모래언덕인 사구가 형성됩니다.

그리고 사막의 모래 아래에는 모래를 형성한 기반암이 존재합니
다. 앞서 설명했듯 지구 사막의 대부분은 모래로 덮여 있지 않고 흙
을 고정할 초목도 없어서 메마른 상태로 노출된 기반암을 쉽게 관
찰할 수 있습니다. 기반암의 유형과 색상 및 굳기 등은 해당 지역의
지질학적 특성에 따라 다릅니다. 그래서 기반암을 관찰하면 모래사
막의 모래가 어느 지역에서 기원했는지를 알 수 있습니다. 물론 지

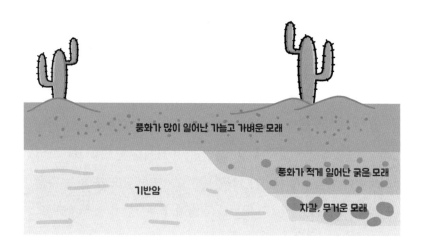

리적으로 가까운 지역의 기반암이 풍화되어 바람에 날아와 쌓였을 가능성이 높습니다.

참고로 사막의 기반암도 다른 지역과 마찬가지로 평평한 형태뿐 아니라 구불구불한 형태로도 존재하며, 수천 년 전에 내린 비가 고여서 지하수를 이룬 곳도 있습니다. 이 경우 쌓여 있던 모래가 바람에 날아가면 지하수가 표면에 드러나 호수를 형성하기도 하는데, 이를 오아시스oasis라고 합니다.

모래 아래 지하수가 드러나며 오아시스가 형성된다.

29

토네이도는 왜
빙글빙글 돌까?

동화 「오즈의 마법사」에서 주인공 도로시의 집이 회오리바람을 타고 날아가는 장면이 등장합니다. 이 회오리바람이 바로 토네이도 tornado인데, 바람이 집을 날려 보내는 것을 동화적 허용이라고 생각할 수 있어도 토네이도의 위력은 실제로 강력합니다. 우리나라 바다에서도 용오름이라고 하는 토네이도의 한 형태가 간혹 관측되기도 하지만, 토네이도는 내륙에서 거의 발생하지 않습니다. 어떤 조건이 갖춰져야 빙글빙글 도는 토네이도가 생기는 걸까요?

토네이도란 적운형 구름 아래에 매달려 있는 깔때기 모양의 좁고 격렬하게 회전하는 공기기둥을 말합니다. 토네이도가 어떻게 형성되는지는 아직 완전하게 밝혀지지 않았지만 파괴적인 토네이도 대부분은 미국 대평원의 '토네이도 골목 Tornado Alley' 지역에서 발생하는 경향이 있습니다. 미국해양대기청NOAA에 따르면 토네이도는 세계 여러 나라에서 발생한다고 하고, 특히 미국에서 매년 약 1200회 정도가 생긴다고 합니다. 토네이도는 봄에서 초여름에 주로 발생하는데, 이는 뇌우가 많이 발생하는 기간과 거의 일치합니다. 즉 토네이도가 생기기 위해서는 슈퍼셀Supercell이라고 하는 적란운을 포함한 강한 뇌우가 발생해야 합니다. 물론 모든 뇌우가 토네이도를 만드는 것은 아닙니다.

미국해양대기청 국립중증폭풍연구소의 기상학자 해럴드 브룩스 Harold Brooks에 따르면 차고 건조한 극지방 공기가 덥고 습한 해양성 공기 밑으로 급하게 파고들어 따뜻한 공기가 빠르게 상승하여 대기가 불안정해지면 뇌우가 형성됩니다. 강한 상승기류에 의해 수증기

토네이도를 경험할 가능성이 높은 세계 지역 (출처:NOAA)

가 응결하면 열이 발생하고, 이 응결열이 구름 속 공기를 데우면서 가벼워진 공기의 상승 속도가 더 빨라집니다. 높이에 따른 풍속의 증가가 커지면 상승기류가 회전하고, 회전하는 공기는 뇌우 속으로 빨려 들어갑니다. 이 현상이 계속되면서 상승과 회전이 점점 빨라지면 슈퍼셀 하층에는 지름이 수 킬로미터나 되는 토네이도의 회전 모체가 형성됩니다. 이때 상승기류가 발달하는 곳의 지표 부근 기압은 100hPa(헥토파스칼)로, 이는 주변 기압의 약 10분의 1에 해당합니다. 그래서 토네이도는 진공청소기 같은 상태가 되어 지상의 물체들을 빨아들이며 이동하면서 극심한 피해를 끼칩니다. 참고로 토네이도의 중심 부분 풍속은 100m/s에서 200m/s라 태풍보다 빠릅니다. 그나마 다행인 사실은 대다수 토네이도의 지속시간은 10분

1. 밀도가 큰 극지방 공기가
   열대성 공기 아래로 파고들며
   상승기류가 형성된다.

2. 응결열 때문에 내부의
   상승기류의 속도가 빨라지며,
   나선형으로 회전한다.

3. 외부의 차갑고 건조한 공기가
   하강기류를 형성하며
   아래쪽의 풍속이 증가하고,
   지표면과 연결된다.

미만이라 3km 정도 이동하고 소멸된다는 점입니다.

 토네이도는 북반구에서는 반시계 방향으로, 남반구에서는 시계 방향으로 회전하는 경향이 있습니다. 그러나 기상학자 리처드 로투노Richard Rotunno에 따르면 같은 뇌우 아래에서 반시계 방향과 시계 방향으로 회전하는 토네이도가 나타나는 경우도 있다고 합니다. 즉 일반적으로 토네이도의 회전 방향은 전향력의 영향을 간접적으로만 받을 뿐이며, 대체로 뇌우와 같은 방향으로 회전합니다. 적도에서 북쪽으로 부는 따뜻한 바람이 서쪽에서 차가운 상층 바람을 만나면 토네이도는 반시계 방향으로 회전할 것이고, 남쪽으로 부는 따뜻한 바람이 상층 바람과 충돌하면 토네이도는 시계 방향으로 회전할 것입니다.

참고로 일상에서 접하는 변기나 세면대, 욕조의 물 빠짐도 마찬가지입니다. 전향력은 중력의 100만분의 1 정도로 아주 작은 힘이기에 그 영향은 미미하며, 고기압, 태풍, 편서풍 등 일기도에 표시될 만큼 규모가 큰 대기순환에만 영향을 미칩니다. 토네이도 같은 중간 규모 이하의 유체 이동이나 변기 물 빠짐 현상 등은 전향력보다 제품의 구조나 물을 뺄 때의 여러 변수, 지형의 물리적 영향 등을 더 크게 받으므로 때에 따라 시계 방향으로도, 반시계 방향으로도 회전합니다.

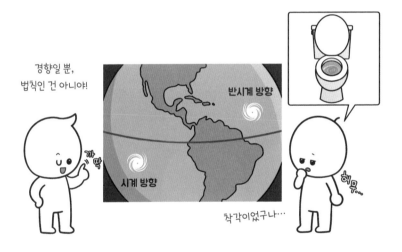

30

오로라는 왜
극지방에서만 보일까?

　오로라는 커다란 커튼이 화려하게 빛나면서 춤추는 듯한 신비로운 자연현상입니다. 많은 사람이 오로라를 보는 것을 버킷리스트로 꼽지만, 오로라를 지구 어느 곳에서나 관찰할 수는 없습니다. 오로라는 나침반이 가리키는 자극磁極에 가까운 위도, 즉 극지방에서 주로 나타나며, 전 세계 인구의 대부분이 사는 중위도 지역이나 따뜻한 적도 지역에서는 볼 수 없습니다. 오로라는 왜 고위도 극지방에서만 관찰될까요?

　오로라의 형성은 태양과 관련이 있습니다. 태양 표면에서는 다양한 활동이 일어나고 있는데, 가장 격렬한 활동 중 하나는 플레어flare와 코로나질량방출Coronal Mass Ejection, CME을 통칭해 부르는 **태양폭발**입니다. 태양폭발을 통해 태양은 전하를 띤 기체 입자, 즉 대량의 플라

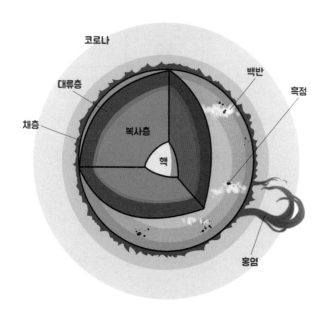

태양의 구조

스마plasma를 엄청난 속도로 뿜어냅니다. 이를 태양풍solar storm이라고 하는데, 태양풍은 빠르면 이틀, 늦으면 나흘 정도면 지구에 도착합니다.

　태양풍이 직접 지구에 닿는다면 강한 에너지에 직접 노출된 생명체들은 생존할 수 없습니다. 하지만 다행히 지구는 **지구자기장**이라고 하는 강력한 보호막을 가지고 있습니다. 막대자석 주위에 철가루를 뿌리면 자기력이 미치는 공간인 자기장에 S극과 N극을 연결하는 자기력선이 생기는 것처럼, 지구 주변에도 비슷한 형태로 호를 그리는 자기장이 형성되어 있습니다. 이 지구자기장이 태양으로

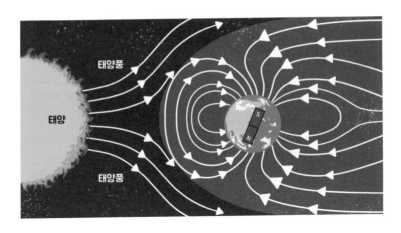

지구자기장의 방향

부터 오는 고에너지 플라스마를 밀어냅니다.

　그런데 지구자기장의 모양은 대칭이 아닙니다. 지구자기장은 태양풍에 의해 태양 쪽은 지구 반지름의 6배에서 10배(약 6만 km)의 거리로 압축되어 납작해지고, 반대쪽은 혜성처럼 길게 끌어 당겨져서 지구 반지름의 1000배까지 자기 꼬리magnetic tail가 있는 모습을 하고 있습니다. 이런 구조 탓에 태양 쪽 자기장이 태양풍에 의해 벗겨지면 플라스마를 가지고 꼬리 부근으로 이동하게 되고, 꼬리 부분에 모인 플라스마는 자기 재결합에 의한 반동으로 거꾸로 지구 자기력선을 따라 극지방까지 이동하게 됩니다.

　극지방에 도달한 전자들이 지구 대기로 떨어지면서 대기 중 입자들과 충돌하면 에너지를 흡수해 '들뜬 상태'가 됩니다. 전자는 원래의 안정된 상태로 되돌아가려는 성질이 있으므로 다시 원래의 에너

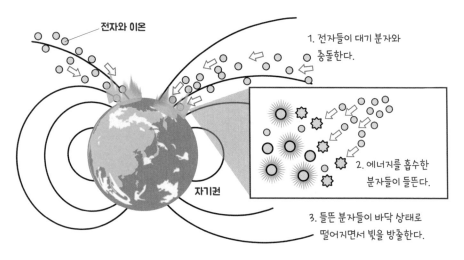

오로라 형성 과정

지 궤도인 '바닥 상태'로 전이하면서 흡수한 에너지를 약간의 빛의 형태로 방출합니다. 이런 충돌이 많이 발생해 우리 눈이 감지할 만큼 엄청나게 많이 누적되면 비로소 빛나는 오로라의 모습으로 보이게 됩니다. 오로라가 대체로 커튼처럼 세로로 길게 늘어진 형태로 관찰되는 이유 역시 그 지역의 자기력선 방향으로 떨어지는 플라스마들의 모습이 반영된 것입니다. 그러나 오로라의 빛은 햇빛에 비해 매우 약하므로 낮에는 보기 힘들며, 당연히 여름 내내 해가 지지 않는 극지방의 백야 기간에는 관측할 수 없습니다. 그래서 주로 겨울철 맑은 날, 특히 그믐날에 오로라를 관찰하기 좋습니다.

만약 육안으로 관측한다면 녹색 오로라를 가장 많이 볼 수 있습니다. 우리 눈이 가장 민감한 557.7nm에 해당하는 파장을 녹색 오로라가 가장 많이 방출하기 때문입니다. 하지만 카메라로 노출 정

도를 다르게 해서 촬영하면 다른 색 빛도 관측 가능합니다. 오로라의 색은 전자가 충돌하는 공기 입자의 종류, 충돌 고도, 대기의 밀도, 관련된 입자의 에너지 수준 등에 따라 결정되는데, 지상에서 관측되는 오로라 대부분은 산소 원자에 의해 생성됩니다. 지표 근처 대기의 구성 비율은 질소 분자가 78%, 산소 분자가 21% 정도 되지만, 고도 100km 이상에서는 산소 원자의 비율이 높아집니다. 또한 낮 시간 동안 태양 자외선에 의해 산소 분자가 산소 원자로 쉽게 분해되는 반면, 질소 분자는 산소 분자에 비해 결합력이 강해 쉽게 분해되지 않습니다.

고도 약 240km 이상의 상공, 즉 진공에 가까운 높이에서는 산소 원자와 전자가 충돌하며 붉은빛을 방출합니다. 반면 100km에서 240km 사이에서는 가장 밝고 가장 흔한 오로라 색상인 밝은 녹색

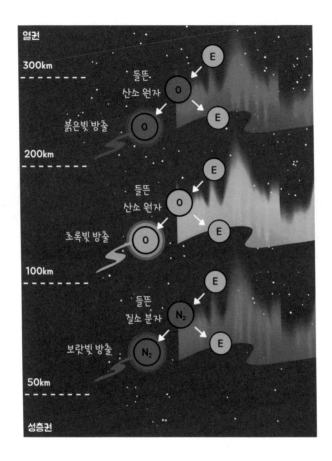

을 방출합니다. 그리고 100km 아래에서 이온화된 질소 분자는 청색광을, 중성 질소는 빨간색을 방출합니다. 이 빛들이 서로 합쳐져 보라색이나 분홍색으로 보이기도 합니다. 이 색은 오로라 폭풍aurora storm이라고 하는 아주 밝고 강한 오로라가 나타날 때 관측되는데, 태양 입자들이 고도 100km까지 내려오려면 그 수가 많아야 하므로 오로라 폭풍은 태양폭발이 있을 때 나타난다고 할 수 있습니다. 질

태양 스펙트럼

오로라 스펙트럼

이온화된 질소   들뜬 산소   들뜬 질소

소와 산소 이외에도 수소와 헬륨같이 전리층에 있는 가벼운 기체들도 파란색과 보라색 같은 색을 방출하지만, 너무 희미하거나 시야 범위를 벗어나 있어 육안으로 관측하기는 쉽지 않습니다.

이렇듯 오로라의 색상 구성은 그것을 방출하는 기체의 성분, 즉 지구 대기에 대한 정보를 제공합니다. 그래서 오로라를 '대기의 지문'이라고도 부릅니다.

높이 381m
엠파이어스레이트 빌딩

높이 524m
1958년 리투야만
쓰나미

31

쓰나미는
어디서 시작될까?

우리말로 '지진해일'이라고 불리는 쓰나미tsunami는 항구를 덮치는 큰 파도를 의미하는 일본어 '津波(つなみ)'에서 유래되었습니다. 1896년 6월 15일 일본 산리쿠 연안에서 발생한 지진해일로 2만 2000여 명이 사망한 사실이 세계 여러 나라에 전해진 후 쓰나미라는 단어는 세계 공통어로 자리 잡았습니다.

이름에서 알 수 있듯 쓰나미는 해수면이 급격하게 상승 또는 하강하여 발생하는, 파장이 100km에서 200km 정도로 매우 긴 파도입니다. 해저면의 일부가 상승하거나 하강하면 엄청난 양의 바닷물이 요동치면서 해파가 발생하는데, 그 파가 번져 나가 해안가에 도달하면서 파도가 높게 솟아오르게 되고, 육지로 넘쳐 들어와 해안가 지역을 초토화시킵니다.

쓰나미의 발생 원인에는 여러 가지가 있지만, 가장 큰 원인은 깊이 약 80km 이하의 얕은 곳에서 발생하는 대규모 해저지진입니다. 해저지진이 발생해 해저 단층이 급격하게 수직으로 융기 또는 침강하면 바로 위 해수면이 상승하면서 쓰나미를 유발합니다. 이 밖에도 해저에서 화산이 분화하거나, 해안 근처 해역에서 인근 산의 토사가 바다로 미끄러져 들어가 해수면을 요동시키면 쓰나미가 발생할 수도 있습니다. 그래서 쓰나미는 지각변동이 활발한 환태평양 지진대에서 많이 발생합니다. 그 외 아주 드물게 빙하의 붕괴나, 핵실험 등 해저에서 진행한 인공적인 실험에 의해서, 또는 바다에 충돌한 운석에 의해서도 쓰나미가 발생할 수도 있습니다.

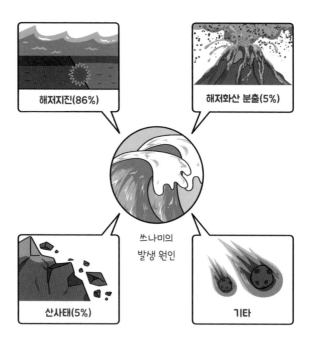

이 중 해저지진으로 발생하는 쓰나미에 대해 조금 더 자세히 알아보겠습니다. 쓰나미는 해양판이 대륙판이나 다른 젊은 해양판 아래로 미끄러져 내려가는 섭입대에서 발생합니다. 섭입하는 판이 미끄러져 내려가면 그 위에 올라가는 판은 점점 압축되어 불룩해지고 끝부분이 끌려 내려갑니다. 이 끝부분이 부서지면서 해양판 쪽으로 튕겨져 섭입대를 따라 지진이 발생하고, 그 위의 바닷물이 급격히 상승합니다. 이 충격으로 해저에서 해수면에 이르는 모든 바닷물이 거대한 덩어리가 되어 해안으로 밀려가므로 파도는 높아지고 강해집니다. 또한 바다는 육지와 달리 별다른 장애물이 없으므로 해파는 발생 지역에서 수천 킬로미터 떨어진 지역까지 전파됩니다. 2004년 인도네시아 수마트라섬 인근에서 일어난 규모 9.1의 강

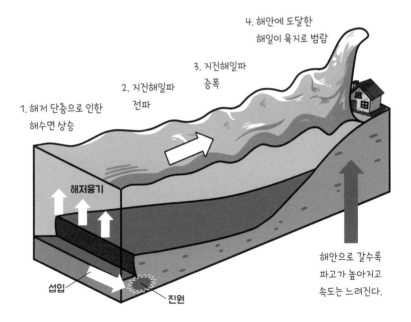

1. 해저 단층으로 인한 해수면 상승

2. 지진해일파 전파

3. 지진해일파 증폭

4. 해안에 도달한 해일이 육지로 범람

해저융기

섭입

진원

해안으로 갈수록 파고가 높아지고 속도는 느려진다.

한 해저지진으로 발생한 쓰나미가 인도네시아뿐 아니라 인근 국가인 태국, 미얀마 등을 물바다로 만들고 인도양을 지나 아프리카까지 영향을 미친 것도 이 때문입니다.

물론 지진이 발생했다고 해서 항상 쓰나미가 일어나는 것은 아닙니다. 일반적으로 리히터 규모 7.5 이상의 지진이 발생했을 때나 지진을 일으키는 단층인 섭입대가 해저 근처에 위치할 때, 지진에 의한 해저 수직 운동이 수 미터 이상 넓은 규모로 일어났을 때 쓰나미가 발생합니다.

그렇다면 먼바다에서는 그리 높지 않았던 쓰나미는 왜 해안으로 갈수록 파고가 높아질까요? 수심이 파장의 20분의 1보다 얕은 곳에서 전달되는 파도를 **천해파**淺海波라고 하는데, 쓰나미는 파장이 보통 100km가 넘고, 지구상 어느 해역에서도 자신의 파장 절반에 해당하는 수심을 만날 수 없으므로 천해파로 분류됩니다. 이때 천해파의 속도는 아래 공식처럼 수심이 깊을수록 빠릅니다.

$$V_S = \sqrt{gd} \ (V_S: \text{천해파의 속도}, g: \text{중력가속도}, d: \text{수심})$$

깊은 바다에서 쓰나미는 시속 800km로 이동하지만 파고의 변화가 심하지 않아 그 위를 지나가는 배도 쓰나미를 감지하지 못할 정도입니다. 그러나 쓰나미는 수심이 얕은 해안으로 접근할수록 점차 그 속도가 느려지는데, 이때 파의 주기는 그대로이므로 수심이 얕은 곳에 도달한 쓰나미 앞부분은 속도가 느려지는 데 반해 뒷부분

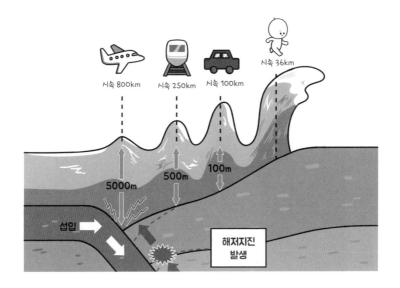

은 여전히 빠릅니다. 종이 앞쪽을 고정한 채 뒤에서 앞으로 밀면 종이가 솟구치며 구겨지는 것처럼, 그래서 쓰나미의 파고도 해안 근처에서 급격히 높아지며 무시무시한 파괴력을 가지게 되고, 이 현상을 숄링shoaling이라고 합니다.

현재의 과학기술로는 지진 발생을 완벽히 예측하기 어렵습니다. 그러나 해저지진이나 화산 폭발로 인해 발생한 쓰나미가 해안에 도착하는 시간은 예상할 수 있고, 전 세계 곳곳에서 지진해일 경보 시스템을 통해 실시간으로 바다를 감시하고 있습니다. 실제로 2022년 1월 15일에 남태평양 통가 인근 바다에서 격렬한 화산 폭발이 있었지만 태평양 연안 국가들이 미리 쓰나미 경보를 발령해 피해를 줄일 수 있었습니다.

32

별에도 착륙할 수 있는
땅이 있을까?

　일상에서는 하늘에 떠 있는 천체를 구별 없이 모두 별이라고 부릅니다. 하지만 천문학에서의 별은 핵융합반응을 통해 스스로 빛을 내는 항성恒星, star만을 뜻합니다. 따라서 수성, 금성, 지구 등 항성 주위를 공전하고 있는 행성行星, planet이나, 달과 같이 행성 주위를 공전하고 있는 위성衛星, moon, 화성과 목성 사이에서 태양 주위를 공전하고 있는 소행성小行星, asteroid은 별이 아닙니다. 이들은 항성인 태양의 빛을 반사하기 때문에 빛나 보일 뿐 스스로 빛을 내지는 못하기 때문입니다. 또한 긴 꼬리를 달고 궤도를 그리며 운행하는 천체인 혜성彗星, comet이나 지구 대기로 들어온 물질이 마찰열로 연소하며 빛나는 별똥별, 즉 유성流星, meteor 역시 별이 아닙니다.

　하지만 만일 모든 천체를 별이라고 정의한다면, 착륙할 수 있는

땅이 있는 별도 있습니다. 수성, 금성, 지구, 화성 등의 **지구형행성**은
지표면에 암석으로 된 단단한 부분이 있어서 착륙이 가능합니다.
반면 목성, 토성 같은 거대 가스 행성인 **목성형행성**에는 딱딱한 지표
가 없으며, 중심으로 들어갈수록 높은 압력에 의해 수소 가스가 액
화되어 있습니다. 더 안쪽의 핵 부분은 단단한 얼음이나 암석으로

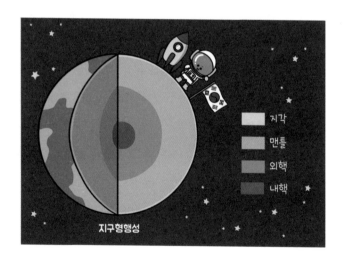

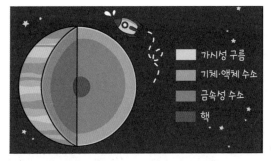

가시성 구름
기체·액체 수소
금속성 수소
핵

목성형행성

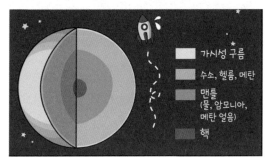

가시성 구름
수소, 헬륨, 메탄
맨틀
(물, 암모니아,
메탄 얼음)
핵

천왕성형행성

되어 있다고 추정되지만, 이곳에 착륙하려면 엄청난 속도로 회전하고 있는 두꺼운 대기와 높은 기압과 온도를 지닌 금속성 수소층을 지나야 하므로 착륙하기에는 힘들어 보입니다. 천왕성과 해왕성 같은 거대 얼음 행성인 **천왕성형행성**도 마찬가지인데, 이들은 태양과의 거리가 매우 멀기 때문에 단단한 지표 없이 수소, 헬륨, 메탄 등이 슬러시같이 얇게 언 상태로 빠르게 이동하고 있습니다. 고체로 된 단단한 핵이 있기는 하지만 내부로 들어가기까지 매우 험난하므로 추천할 수 없습니다.

이어서 위성과 소행성, 혜성은 어떨까요? 달과 같은 위성은 단단

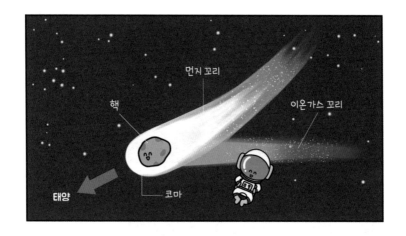

한 암석이나 얼음으로 구성된 지각이 있고, 소행성 역시 암석으로 구성되어 있으므로 착륙이 가능합니다. 반면 혜성에는 물, 일산화탄소, 이산화탄소, 메탄, 암모니아 등으로 이루어진 핵이 있으나, 태양빛을 받으면 표면이 증발하므로 착륙이 쉽지 않아 보입니다.

그렇다면 과학에서 정의하는 별, 즉 스스로 빛을 내는 항성에는 착륙할 수 있는 땅이 있을까요? 이를 알기 위해선 별이 어떻게 빛나는지부터 알아야 합니다. 우리가 관찰하는 별의 대부분은 중심핵에서 수소 핵융합반응이 일어나 에너지를 만들어 내는 주계열성 main sequence star입니다. 수소 핵융합반응이란 1000만 K(켈빈) 이상의 고온의 환경에서 원자핵이 매우 빠른 속도로 충돌하고 융합하여 더 무거운 핵을 형성하면서 에너지를 생성하는 과정을 말합니다. 수소 원자핵 4개가 결합하면 헬륨 원자핵 1개가 만들어지는데, 이때 생성된 헬륨 원자핵 1개의 질량은 수소 원자핵 4개의 총질량보다 약

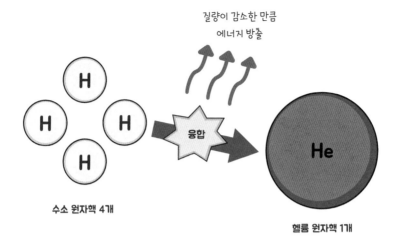

질량이 감소한 만큼
에너지 방출

융합

H H H H
수소 원자핵 4개

He
헬륨 원자핵 1개

0.7% 작습니다. 아인슈타인의 질량-에너지등가원리($E=mc^2$)에 따라 이 0.7%의 질량 결손이 에너지로 변환되면서 빛과 열을 방출하므로 항성은 스스로 빛을 내게 됩니다.

이러한 수소 핵융합반응은 주계열성의 질량에 따라 두 종류로 구분됩니다. 질량이 태양 정도인 중심 온도 1800만 K 이하의 별에서는 양성자-양성자반응P-P 연쇄반응이 우세하게 일어나며, 질량이 태양의 약 1.5배 이상인 내부 온도 1800만 K 이상의 별에서는 탄소·질소·산소 순환반응CNO 순환반응이 우세하게 일어납니다. CNO 순환반응에서는 탄소와 질소, 산소가 반응의 촉매 역할을 하므로 P-P 연쇄반응보다 더 수소를 빠르게 소비하면서 격렬하게 에너지를 생성합니다.

이렇듯 별의 질량에 따라 에너지를 생성하는 과정이 다르므로 두 별의 내부 구조 역시 다릅니다. 질량이 태양 정도인 별은 중심 부분의 온도 변화가 크지 않으므로 내부에 복사 형태로 에너지를 전달하는 복사층이 있습니다. 반면 바깥 부분은 상대적으로 온도 변화가 크거나 이온화된 수소층이 존재하므로 대류의 형태로 에너지를 전달하는 대류층이 존재합니다.

한편 태양 질량의 1.5배 이상인 별은 CNO 순환반응이 중심부에서 집중적으로 일어나므로 중심부의 온도가 매우 높습니다. 그래서 중심부와 그 주변의 온도 차이가 심해 내부에서 대류의 형태로 에너지가 전달됩니다. 반대로 바깥 부분은 온도 변화가 크지 않으므로 복사 형태로 에너지가 전달되는 복사층이 위치합니다. 참고로 질량이 태양보다 매우 작은 별은 복사층을 가지지 못하고 별 전체에서 대류가 일어납니다.

질량이 태양 정도인 별은 수소 핵융합반응이 끝난 뒤 중심에 헬륨으로 된 핵이 생성됩니다. 이 헬륨핵이 수축해 중력 수축 에너지가 발생하면 내부 온도가 상승해 헬륨핵 외곽에서 수소 핵융합반응

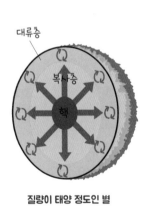

질량이 태양 정도인 별

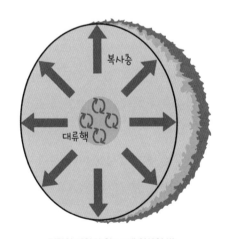

질량이 태양의 약 1.5배 이상인 별

이 일어납니다. 이후 중심부의 온도가 계속 상승하면 탄소와 산소로 구성된 핵이 만들어집니다. 질량이 태양에 비해 매우 큰 별의 경우 여기서 더 많은 핵융합반응을 거치며, 탄소, 산소, 네온, 규소 등의 층이 겹겹이 형성됩니다. 그리고 중심부의 온도가 약 30억 K 이상이 되면 최종적으로 철로 구성된 중심핵이 만들어집니다.

정리하자면 항성은 매우 뜨거운 가스 연소층으로 이루어진 거대한 불덩이라고 할 수 있습니다. 단단한 고체 형태의 땅이 없으므로 지금 기술로는 별에 착륙할 수 없습니다.

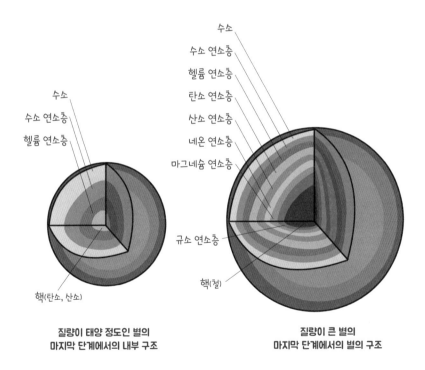

질량이 태양 정도인 별의
마지막 단계에서의 내부 구조

질량이 큰 별의
마지막 단계에서의 별의 구조

참고 문헌

1부 자다가도 생각나는 생물 호기심

1 나이가 들면 왜 죽을까?

엘리자베스 블랙번, 엘리사 에펠, 이한음 옮김, 『늙지 않는 비밀』, 알에이치코리아, 2018.

황상익, 「수명 이야기」, 다산연구소 홈페이지, 2013. 5. 21., http://www.edasan.org/sub03/
  board02_list.html?bid=b33&page=25&ptype=view&idx=1512&ckattempt=1.

「'노화' 교과서」, 《Newton》, 아이뉴턴, 2021년 4월 호, 2021. pp.18-77.

Elizabeth Blackburn, "The science of cells that never get old," *TED*, https://www.ted.com/talks/
  elizabeth_blackburn_the_science_of_cells_that_never_get_old?utm_campaign=tedspread&utm_
  medium=referral&utm_source=tedcomshare.

Meghan T. Mitchell, et al., "Cdc13 N-Terminal Dimerization, DNA Binding, and Telomere Length
  Regulation," *Molecular and Cellular Biology*, Vol. 30, No. 22, 2010, pp. 5325-5334.

2 음악을 크게 들으면 정말 귀가 안 좋아질까?

윤미상, 「'난청' 자가 진단과 종류별 치료법」, 《힐팁》, 2019.1.14., http://www.healtip.co.kr/news/
  articleView.html?idxno=1888.

「이어폰 끼고 사는 청소년…17%가 '소음성 난청'」, 《동아사이언스》, 2019.1.14., https://www.
  dongascience.com/news.php?idx=26257.

3 다른 나라 사람들이 느낄 수 있는 한국인 특유의 체취가 있을까?

한국보건산업진흥원, 「2020년 화장품산업 분석 보고서」, 2020. 12.

한국보건산업진흥원, 「주요국의 화장품 시장규모」, 2022. 9., 보건산업정보통계센터.

한국보건산업진흥원, 「체취 방지용 제품류 연도별 생산추이」, 2021. 6., 보건산업정보통계센터.

「'체취도 지문처럼 바뀌지 않는다' 실험 성공」, 《한겨레》, 2008. 11. 06., https://www.hani.co.kr/
  arti/science/science_general/320256.html.

4 매운 걸 먹으면 왜 콧물이 나올까?

임석한, 「고추는 어떻게 우리나라에 전해졌을까?」, 《당당뉴스》, 2021. 4. 5., http://www.
  dangdangnews.com/news/articleView.html?idxno=34791.

정승준, 「통증에서 TRP이온통로의 역할」, 《Hanyang Medical Reviews》, Vol. 31, No. 2, 2011, pp. 116-122.

Markham Heid, "Why Spicy Food Makes Your Nose Run—and Why It's Great for You," *TIME*, 2019. 4. 17., https://time.com/5566993/why-spicy-food-makes-your-nose-run/.

5 책상은 나무로 되어 있는데 왜 썩지 않을까?

Sajan Saini, "What makes wood rot so slowly?," *MIT*, 2011. 3. 29., https://engineering.mit.edu/engage/ask-an-engineer/what-makes-wood-rot-so-slowly/.

6 어두운 곳에 들어가면 왜 아무것도 안 보이다 서서히 보일까?

T. D. Lamb and E. N. Pugh Jr., "Dark adaptation and the retinoid cycle of vision," *Progress in Retinal and Eye Research*, Vol. 23, No. 2, 2004, pp. 307-308.

"Euglena," *Encyclopedia Britannica*, https://www.britannica.com/science/Euglena.

"rod," *Encyclopedia Britannica*, https://www.britannica.com/science/rod-retinal-cell.

7 나이 많은 남성들은 왜 눈썹과 수염이 길게 자랄까?

이해나, 「노인 되면 코털·눈썹 과도하게 길어지는 까닭」, 《헬스조선》, 2019. 1. 28., https://health.chosun.com/site/data/html_dir/2019/01/28/2019012801887.html.

8 광합성을 하지 않는 식물도 있을까?

「광합성을 하지 않는 식물들」, 《Newton》, 아이뉴턴, 2021년 10월 호, 2021. pp.116-132.

2부 엉뚱하고 기발한 물리 호기심

9 왜 산에서도, 동굴에서도 메아리가 생길까?

변은민, 「건축음향학, 과학으로 소리의 질을 높이다」, 《고대신문》, 2018.10.1., http://www.kunews.ac.kr/news/articleView.html?idxno=25247.

10 입으로 분 풍선은 가라앉는데 헬륨 풍선은 왜 뜰까?

「집을 공중에 띄운다, 헬륨풍선 몇 개가 필요할까… 3D 애니 '업'에 숨겨진 비밀」, 《국민일보》, 2009. 7. 8., https://m.kmib.co.kr/view.asp?arcid=0921345909.

13 귓속말에선 왜 숨소리가 많이 들릴까?

Richard Wright, et al., "Voice quality types and uses in North American English," *Anglophonia*[Online], 27, 2019.

15 휴대폰이 오래되면 왜 배터리가 빨리 닳을까?

「궁금한 THE 이야기」 ② 배터리 성능을 올려라! '양극재' A to Z」, 《Posco Newsroom》, 2022. 08. 29., https://bit.ly/3vP1N0y.

「리튬이온배터리의 구조와 작동 원리」, 《Battery Inside》, 2021. 11. 11., https://inside.lgensol. com/2021/11/%EB%A6%AC%ED%8A%AC%EC%9D%B4%EC%98%A8%EB%B0%B0%ED%84%B0%EB%A6%AC%EC%9D%98-%EA%B5%AC%EC%A1%B0%EC%99%80-%EC%9E%91%EB%8F%99-%EC%9B%90%EB%A6%AC/.

16 고데기 온도는 어떻게 조절될까?

「바이메탈」, 자바실험실, 2019. 1. 24., https://javalab.org/bimetal/.

3부 보면 볼수록 빠져드는 화학 호기심

17 왜 어떤 단풍은 빨갛고 어떤 단풍은 노랄까?

Anne Helmenstine, "Leaf Chromatography Experiment-Easy Paper Chromatography," *Science Notes*, 2022. 2. 27., https://sciencenotes.org/leaf-chromatography-experiment-easy-paper-chromatography/.

Anne Helmenstine, "Why Leaves Change Color in the Fall-Chemistry," *Science Notes*, 2021. 9. 14., https://sciencenotes.org/why-leaves-change-color-in-the-fall-chemistry/.

"The Chemicals Behind the Colours of Autumn Leaves," *Compound Interest*, 2014. 9. 11., http://www.compoundchem.com/2014/09/11/autumnleaves/.

"Why Do Autumn Leaves Change Their Color?," *Smoky Mountains*, 2022, https://smokymountains.com/fall-foliage-map/.

18 상한 우유와 치즈는 뭐가 다를까?

Ansley Hill, "What Is Spoiled Milk Good For, and Can You Drink It?," *healthline*, 2019. 8. 21., https://www.healthline.com/nutrition/spoiled-milk.

Howard J. Bennett, "Ever wondered how milk becomes cheese?," *The Washington Post*, 2015. 5. 17., https://www.washingtonpost.com/lifestyle/kidspost/ever-wondered-how-milk-becomes-cheese/2015/05/15/32abad22-ece8-11e4-8abc-d6aa3bad79dd_story.html

Sarah Mullen Gilbert, "Cheesy Science," *ChemMatters Magazine*, 2017. 12./2018. 1., 2018, pp. 7-9.

19 빵에는 왜 스펀지처럼 구멍이 있을까?

강석기, 「글루텐을 위한 변명」, 《동아사이언스》, 2014. 7. 7., https://www.dongascience.com/news.php?idx=4784.

이정아, 「글루텐과 이스트의 맛있는 합작」, 《동아사이언스》, 2015. 8. 5., https://www.

dongascience.com/news.php?idx=7744.

20 프라이팬은 왜 잘 불에 타지 않을까?

Siyavula, *Natural Sciences Grade 9*, Siyavula Education, 2015.

Christopher S. Baird, "Why don't metals burn?," *Science Question with surprising answer*, 2018. 2. 18., https://www.wtamu.edu/~cbaird/sq/2018/02/18/why-dont-metals-burn/

Philip J. O'Keefe, "Mechanical Power Transmission-The Centrifugal Clutch and Metal Fatigue," *Enginering Expert Witness Blog*, 2012. 3. 13., http://www.engineeringexpert.net/Engineering-Expert-Witness-Blog/tag/atomic-structure.

21 찬물에 녹는 커피믹스는 어떻게 만들까?

김윤미, 「아이스 커피믹스는 왜 얼음물에도 잘 녹을까? 비법은 '해바라기유 크림'」, 《동아일보》, 2012. 7. 20., https://www.donga.com/news/It/article/all/20120720/47905356/1.

서찬동, 「[Brand Story] 커피믹스는 '빨리빨리'가 만든 발명품」, 《매일경제》, 2014. 11. 5., https://www.mk.co.kr/news/special-edition/view/2014/11/1387458/.

서혜진, 「훈민정음과 나란히 하는 세기의 발명품- 커피믹스에 숨은 과학」, 《세계일보》, 2018. 5. 15., http://m.segye.com/view/20180515004275.

Adda Bjarnadottir, "Instant Coffee: Good or Bad?," *healthline*, 2019. 8. https://www.healthline.com/nutrition/instant-coffee-good-or-bad#TOC_TITLE_HDR_1.

22 오줌에서는 왜 지린내가 날까?

「언 발 녹일 때 말고도 쓰임새가 많다고?-오줌!」, 《KISTI의 과학향기》, 2006. 3. 3., https://scent.kisti.re.kr/site/main/archive/article/%EC%96%B8-%EB%B0%9C-%EB%85%B9%EC%9D%BC-%EB%95%8C-%EB%A7%90%EA%B3%A0%EB%8F%84-%EC%93%B0%EC%9E%84%EC%83%88%EA%B0%80-%EB%A7%8E%EB%8B%A4%EA%B3%A0-%EC%98%A4%EC%A4%8C.

Rose Kivi, "What Causes Abnormal Urine Odor?," *healthline*, 2021. 12. 20., https://www.healthline.com/health/urine-odor.

"ammonia," *Online Etymology Dictionary*, https://www.etymonline.com/word/ammonia#:~:text=ammonia%20(n.),Ammon%2C%20and%20compare%20ammoniac.

"urea," *Encyclopedia Britannica*, https://www.britannica.com/science/urea#ref1261508.

"Urine Smell: What Does It Mean?," *Healthessentials,* Cleveland Clinic, https://health.clevelandclinic.org/why-does-my-urine-smell/.

23 파마를 하면 어떻게 웨이브가 오래 유지될까?

이우영, 「헤어스타일 변신, 파마와 염색의 과학적 원리는?」, 과학기술정보통신부 블로그, 2015. 2. 27., https://m.blog.naver.com/PostView.naver?isHttpsRedirect=true&blogId=with_msip&logNo=220284301902.

Marlene M. Gutierrez, "Bad Hair Days? Chemistry to the Rescue," *Yale National Initiative*, https://teachers.yale.edu/curriculum/viewer/initiative_11.05.04_u.
"Chemistry of Your Cut", Penn State University, 2016. 10. 12., https://sites.psu.edu/hair101/2016/10/12/chemistry-of-your-cut/.

24 수돗물과 정수기 물은 어떻게 공급되는 걸까?

김청환, 「[그렇구나! 생생과학] 바닷물을 마실 수 있게⋯ 역삼투압의 원리」, 《한국일보》, 2019. 6. 8., https://www.hankookilbo.com/News/Read/201906041626749025.
민재용, 「역삼투압 vs 직수⋯ 정수기 업계 수질 전쟁」, 《한국일보》, 2018. 6. 7., https://m.hankookilbo.com/News/Read/201806061632039718.
「깨끗한 물을 마시는 똑똑한 방법」, LG케미토피아 홈페이지, 2015. 11. 10., https://blog.lgchem.com/2015/11/ro-filter/.
서울특별시 상수도사업본부 홈페이지, https://arisu.seoul.go.kr/.
K-Water 홈페이지, https://www.kwater.or.kr/.
Kelli McGrane, "Is Bottled or Tap Water Better for Your Health?," *healthline*, 2020. 6. 11., https://www.healthline.com/nutrition/tap-water-vs-bottled-water.
"My Tap Water Tastes Bad-Is It Safe to Drink?," *Moffitt Cancer Center*, https://moffitt.org/taking-care-of-your-health/taking-care-of-your-health-story-archive/my-tap-water-tastes-bad-is-it-safe-to-drink/.

4부 알아두면 쓸데 있는 지구과학 호기심

25 강물은 안 짠데 바닷물은 왜 짤까?

"Why is ocean water salty?," *Ocean Clock*, https://www.oceanclock.com/en/blog/44-why-is-ocean-water-salty.

26 해가 질 때 왜 하늘이 붉게 물들까?

「레일리산란」, 사이언스올 과학백과사전, https://www.scienceall.com/%EB%A0%88%EC%9D%BC%EB%A6%AC%EC%82%B0%EB%9E%80rayleigh-scattering/.
「하늘이 파란 이유」, 자바실험실, 2019. 7. 18., https://javalab.org/why_is_the_sky_blue/.
"Scattering of Light: Definition, Types of Scattering & Examples," *Embibe*, https://www.embibe.com/exams/scattering-of-light/.
"Why is the sunset red?," *Met Office*, https://www.metoffice.gov.uk/weather/learn-about/weather/optical-effects/why-is-the-sunset-red

27 갑자기 왜 화산이 폭발할까?

김동희, 「화산」, 지구과학산책, 네이버지식백과, https://terms.naver.com/entry.naver?docId=35707

05&cid=58947&categoryId=58981.

윤성효, 「백두산 폭발 시뮬레이션」, 지구과학산책, 네이버지식백과, https://terms.naver.com/entry.naver?docId=3580960&cid=58947&categoryId=58981.

함예솔, 「역대급 괴물 화산 폭발, 용암 종류는?」,《이웃집과학자》, 2019. 2. 7., http://www.astronomer.rocks/news/articleView.html?idxno=86912.

「화산이란?」, 에듀넷, https://www.edunet.net/nedu/contsvc/viewWkstCont.do?menu_id=82&contents_id=638da756-15ad-4bf5-9130-aefb7f069d47&sub_clss_id=CLSS0000000363&svc_clss_id=CLSS0000017638&contents_openapi=totalSearch&contents_openapi=totalSearch.

Teresa Ubide and Balz S. Kamber, "Volcanic crystals as time capsules of eruption history," *Nat Commun*, 2018. 1. 23., https://doi.org/10.1038/s41467-017-02274-w.

"Eruption Classifications," *National Park Service*, https://www.nps.gov/subjects/volcanoes/eruption-classifications.htm.

"How Do Volcanoes Erupt?," *USGS*, https://www.usgs.gov/faqs/how-do-volcanoes-erupt.

"Six types of eruptions," *Encyclopedia Britannica*, https://www.britannica.com/science/volcano/Six-types-of-eruptions.

"Types of Volcano," *Level Geography*, https://www.alevelgeography.com/types-of-volcanoes/.

28 사막의 모래는 어디에서 왔고, 그 아래에는 뭐가 있을까?

「건조 기후」, 에듀넷, https://www.edunet.net/nedu/contsvc/viewWkstContPost.do?contents_id=febd1446-8df4-40f5-a74a-3b6a57d515b5&head_div=.

Christina Nunez, "Deserts, explained," *National Geographic*, 2019. 2. 27. https://www.nationalgeographic.com/environment/article/deserts?utm_source=youtube&utm_medium=social&utm_content=yt20190628-environment-deserts&utm_campaign=editorial&utm_rd=&cmpid=org=ngp::mc=social::src=youtube::cmp=editorial::add=yt20190628-environment-deserts::urid=.

John Staughton, "A Desert Is Covered With Sand, But What Is Beneath It?," *ScienceABC*, 2022. 2. 1., https://www.scienceabc.com/nature/a-desert-is-covered-with-sand-but-what-is-beneath-it.html.

Karla Moeller, "Delving into Deserts," *ASU*, https://askabiologist.asu.edu/explore/desert.

"11b. physical weathering video," janicekoowaiching, 2020. 3. 7., https://youtu.be/mWSlDYzMRYM.

"Deserts 101", *National Geographic*, 2019. 6. 28. https://www.youtube.com/watch?v=n4crvs-KTBw.

29 토네이도는 왜 빙글빙글 돌까?

의정부과학교사모임, 「토네이도는 왜 우리나라에 없을까요?」, 과학선생님도 궁금한 101가지 과학 질문사전, 네이버지식백과, https://terms.naver.com/entry.naver?docId=1526608&cid=47340&categoryId=47340.

James Spann, "How do tornadoes form?," *TED-ed*, 2014. 8.20. https://ed.ted.com/lessons/how-dotornadoes-form-james-spann.

Robynne Boyd, "Fact or Fiction?: South of the Equator Toilets Flush and Tornadoes Spin in the Opposite Direction," *Scientific American*, 2007. 6. 28., https://www.scientificamerican.com/article/fact-or-fiction-south-of-equator-tornadoes-spin-in-opposite-direction/.

"Can somebody finally settle this question: Does water flowing down a drainspin in different directions depending on which hemisphere you're in? And if so, why?," *Scientific American*, 2001. 1. 28., https://www.scientificamerican.com/article/can-somebody-finally-sett/.

"High Pressure Systems, Low Pressure Systems," *ESPERE*, http://klimat.czn.uj.edu.pl/enid/1__Weather___Fronts/-_Pressure_systems_3sf.html.

"SEVERE WEATHER 101," *NOAA(National Severe Storms Laboratory) NSSL*, https://www.nssl.noaa.gov/education/svrwx101/tornadoes/.

30 오로라는 왜 극지방에서만 보일까?

이태형, 「신의 영혼 오로라 빛의 정체는?」, 《사이언스타임스》, 2015. 10. 22., https://www.sciencetimes.co.kr/news/%EC%8B%A0%EC%9D%98-%EC%98%81%ED%98%BC-%EC%98%A4%EB%A1%9C%EB%9D%BC-%EB%B9%9B%EC%9D%98-%EC%A0%95%EC%B2%B4%EB%8A%94/#.Y02QxP9mYKI.link.

최은정, 「[호기심 과학] 화성에서는 볼 수 없는 지구만의 환상적인 오로라」, 《삼성디스플레이 뉴스룸》, 2022. 1. 26., https://news.samsungdisplay.com/30509/.

「오로라」, 천문학백과, 네이버지식백과, https://terms.naver.com/entry.naver?docId=5647453&cid=62800&categoryId=62800.

「지구 자기권」, 한국천문연구원, https://astro.kasi.re.kr/learning/pageView/5139.

"AURORA DASHBOARD," *NOAA / NWS Space Weather Prediction Center*, https://www.swpc.noaa.gov/content/aurora-dashboard-experimental.

"Solar storms," *Canadian Space Agency*, 2017. 8. 7. https://www.asc-csa.gc.ca/eng/sciences/solar-storms.asp.

"What are the northern lights?," *Canadian Space Agency*, 2022. 9. 27. https://www.asc-csa.gc.ca/eng/astronomy/northern-lights/what-are-northern-lights.asp.

31 쓰나미는 어디서 시작될까?

기상청 온라인 지진 과학관 지진위키, https://www.kma.go.kr/eqk_pub/bbs/faq.do;jsessionid=D5564698B0B19E5F85E3C58CC0F92AF3?fmId=2.

「쓰나미」, 기상학백과, 네이버지식백과, https://terms.naver.com/entry.naver?cid=64656&docId=5826911&categoryId=64656

「지진의 피해」, 에듀넷, https://www.edunet.net/nedu/contsvc/viewWkstCont.do?contents_id=fs_a0000-2015-0702-0000-000000000176&svc_clss_id=CLSS0000017859&clss_id=CLSS0000000363&menu_id=82.

"Tsunamis," *National Geographic*, https://www.nationalgeographic.com/environment/article/

tsunamis.

32 별에도 착륙할 수 있는 땅이 있을까?

한국천문연구원 천문우주지식정보 천문학습관, https://astro.kasi.re.kr/learning/pageView/40.
National School's Observatory. https://www.schoolsobservatory.org/learn/astro.

사소해서 물어보지 못했지만 궁금했던 이야기 3

1판 1쇄 발행 2023년 6월 8일
1판 4쇄 발행 2024년 10월 14일

기획 사물궁이 잡학지식
지은이 김경민 권은경 김희경 윤미숙
펴낸이 김영곤
펴낸곳 (주)북이십일 아르테

책임편집 최윤지 **기획편집** 장미희 김지영
일러스트 빅포레스팅 **기획 보조** 박지연
표지 디자인 서채홍 **본문 디자인** 김미정
마케팅 한충희 남정한 최명열 나은경 정유진 한경화 백다희
영업 변유경 김영남 강경남 황성진 김도연 권채영 전연우 최유성
제작 이영민 권경민

출판등록 2000년 5월 6일 제406-2003-061호
주소 (10881) 경기도 파주시 회동길 201(문발동)
대표전화 031-955-2100 **팩스** 031-955-2151 **이메일** book21@book21.co.kr

ISBN 978-89-509-6705-5 04400
      978-89-509-0014-4 (세트)

아르테는 (주)북이십일의 문학·교양 브랜드입니다.

(주)북이십일 경계를 허무는 콘텐츠 리더

페이스북 facebook.com/21arte 블로그 arte.kro.kr
인스타그램 instagram.com/21_arte 홈페이지 arte.book21.com